ジャパニーズウイスキー入門

現場から見た熱狂の舞台裏

稲垣貴彦

角川新書

はじめに

いま、日本のウイスキー産業が岐路に立っています。長い低迷期を経たのちに、現在は空前の盛り上がりを見せていますが、このままの勢いを維持し、世界の中で確固とした地位を築いていけるのか、あるいは一時のブームに終わるかの分岐点にいるのです。

私は、1952年から70年以上のウイスキー製造の歴史を持つ富山県の酒造会社・若鶴《わかつる》酒造の5代目です。ウイスキー造りを行う三郎丸《さぶろうまる》蒸留所でブレンダーとして活動しています。小さな会社なので、社長として経営にあたりながらウイスキー製造をし、また他にもウイスキーにまつわる様々な仕事をしています。世界初の鋳造製蒸留器を発明し、日本とウイスキーの本場である英国で特許を取得。また、ワールド・ウイスキー・アワードなどの世界的なコンペティションの最終審査員や、崖《がけ》っぷち蒸留所の再起を描いた映画『駒田《こまだ》蒸留所へようこそ』の監修、ウイスキーコンサルタントとしての顔もあります。

28歳のときにウイスキー業界に身を投じてから10年も経たない若輩者でありながら、このように多くの経験をさせていただいているのは、盛り上がりを見せる日本のウイスキーの様々な現場に、偶然にも居合わせることができたからだと思います。

私が実家である若鶴酒造に戻った（経緯は後述します）２０１５年には、日本のウイスキーのメーカーは、大手メーカーを含めても両手で数えられるほどの数でした。それが、ジャパニーズウイスキー百周年（２０２３年）を経た現在、計画中のものも含めると１００か所以上。かつてのウイスキー最盛期の１９８０年代にあった最大約30か所をはるかに超えた今なお、１カ月に１か所のペースで増加しています。まさに空前のウイスキーブームといえる状況です。

これは、サントリーが仕掛けたハイボールブーム、そしてニッカウヰスキー創業者・竹鶴《たけつる》政孝《まさたか》をモデルにしたＮＨＫの連続テレビ小説『マッサン』の放映があった２０１０年代からの流れもありますが、それ以上に世界における日本のウイスキーの人気の高まりが影響しています。

近年生まれている蒸留所の多くは、大手メーカーによるものではなく、独立資本の新たな生産者たちによって作られています。過去に全国各地の酒造会社で造られていた廉価なウイスキー（「地ウイスキー」と呼ばれた）とは一線を画す本格的なウイスキーを造っていて、なかには世界での展開をも視野に入れたメーカーも増加しているのです。かくいう私も小さな蒸留所のブレンダーとして、旧来の「地ウイスキー」から脱却し、「クラフトウイスキー」を製造し世界を目指す一人です。一方で蒸留所を持たず、製造設備もない、ブレンドのみを

国内のウイスキー稼働蒸留所数の推移

(蒸留所数)
2010: 8, 2011: 10, 2012: 10, 2013: 10, 2014: 12, 2015: 14, 2016: 23, 2017: 29, 2018: 34, 2019: 41, 2020: 49, 2021: 59, 2022: 74, 2023: 97

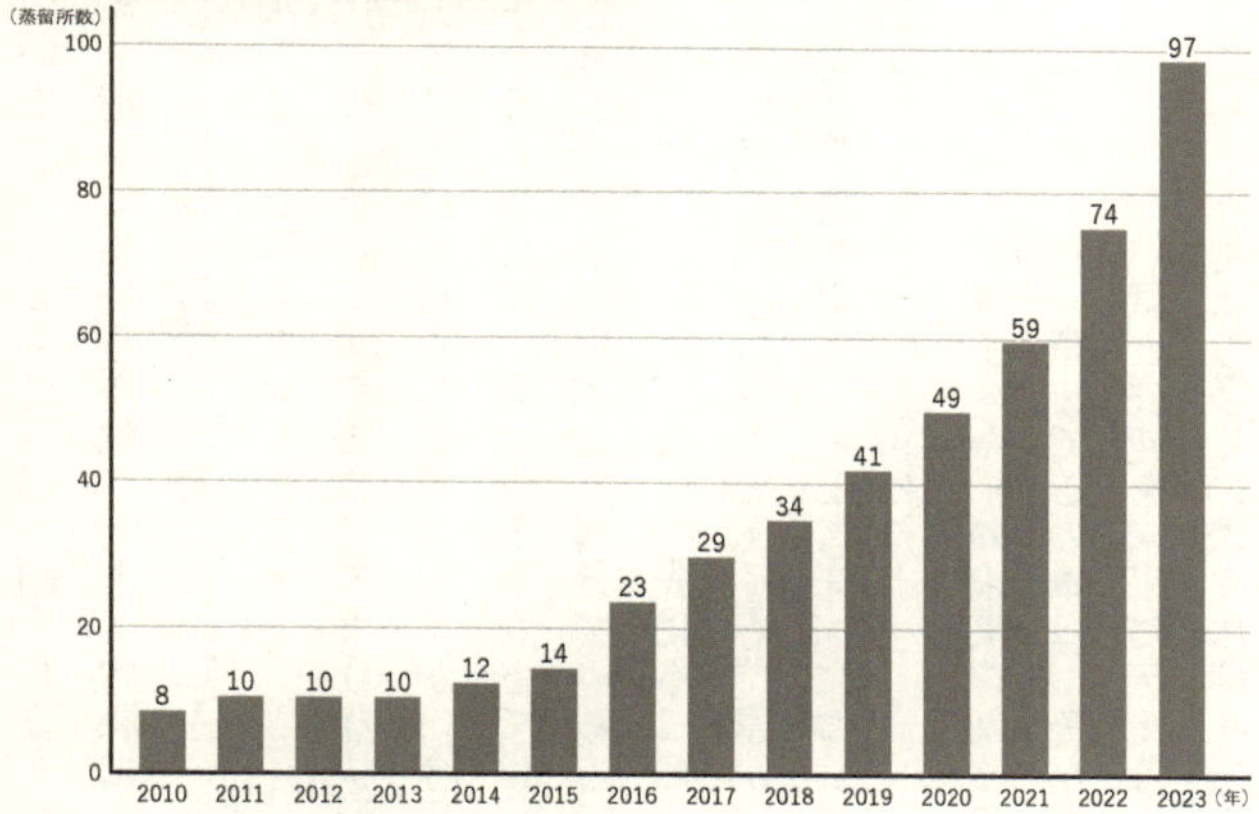

出典:『ジャパニーズウイスキーイヤーブック2024』(ウイスキー文化研究所)

行うメーカーが誕生したり、異業種や海外からの参入も相次いでいます。

なぜ、低迷していた日本のウイスキーがこんなにも人気になったのでしょうか？ そしてこれまで大手メーカーに寡占されてきたウイスキービジネスに、なぜこれだけ新たな事業者が参入しているのでしょうか？

日本で造られるウイスキーの特徴として近年言われてきたのは「日本人ならではの繊細な感性による作り込み」や「日本の四季の寒暖差により熟成がダイナミックに行われる」というものがあり、こうした評価が盛り上がりを作った理由の一つとして挙げられます。

ただ、私はより重要なファクターとして「日本のウイスキーの歴史」が関係していると思っています。詳しくは本論で紹介しますが、模造ウイスキーに端を発する「日本特有のウイスキー造りにおける柔軟さ」と「敗戦によって遅れたウイスキーの基準の制定と、酒税法」、そして「戦後における保護からの寡占、そして自由化の中で、独自の進化を遂げたこと」に要因があると考えているのです。

10年後、そして30年後にどのような状況になっているかは誰にもわかりません。ただ一つ言えることは、日本のウイスキーが、今まで誰も経験したことのないダイナミズムの中にあるということです。スコットランドでは約200年前に蒸留所が相次ぎ誕生しましたが、その動きが今まさに日本でも起きているのです。日本のウイスキーに携わる者としてこれほど面白い時代はないし、後にも先にもこのような時代が来ることはまずないでしょう。

本書では、大手のメーカーや専門家からは普段語られないジャパニーズウイスキーの魅力と、その発展の歴史、そして未来について、ブレンダーであり経営者である私独自の視点から迫っていきたいと思います。

ジャパニーズウイスキーの未来を創るのは、飲み手を含めたすべてのウイスキーに関わる人たちです。その意味でこの本は、そんなジャパニーズウイスキーの世界の扉を開くものであり、現在の熱気と混沌《こんとん》を未来に伝えるものでもあります。ジャパニーズウイスキーの魅力を伝えることでより多くの人々に興味をもってもらい、その世界に参加してもらえるようなガイドブックの役割を果たせればと思います。この本を読むことでウイスキーのことを深く知ることができ、より美味《おい》しさや奥深さを感じ取っていただけるようになれば幸いです。

ここで本書の構成を簡単に紹介しておきましょう。

第1部ではジャパニーズウイスキーの世界を紹介します。冒頭の第1章では、まずウイスキーの基礎知識、そして、世界各国で造られているウイスキーを解説します。

第2章では日本にウイスキーが伝来し、本格的なウイスキー造りが志されてから、現代のウイスキーブームに至る100年の、「ジャパニーズウイスキーの栄枯盛衰」を紹介します。

第3章では、日本のウイスキーにとって切っても切り離せない海外原酒（バルクウイスキー）について深く掘り下げます。バルクウイスキーは表に出てくることがなく、一般の方には馴染《なじ》みのないものですが、その役割や歴史的経緯に触れていきます。

第4章では急増しているクラフトウイスキー蒸留所を案内。そのなかでも、挑戦と革新によって様々な可能性をもたらすであろう注目の蒸留所を取り上げます。

第5章では、ウイスキーの製造工程として、原料であるモルト造りから製品となるブレンドまでを紹介します。

第2部では、長い歴史を持ちながらも休止同然だった若鶴酒造のウイスキー事業を三郎丸蒸留所として再興させた私の取り組みを中心に紹介します。あるクラフトウイスキー蒸留所のいわば奮闘記のようなものですが、ウイスキーに関連する事業に携わる方や、ウイスキー愛好家の方が、日本のウイスキー産業が持つ課題や、世界に展開するために取り組むべきことを考えるきっかけになればと思い書きました。

クラフトウイスキーは小規模製造のため、商品が広く出回ることは少なく、大手ウイスキーメーカーとは流通経路も異なります。そんな入手困難なクラフトウイスキーの魅力を伝えられればとも思います。世界中のウイスキーファンがアイラ島に憧《あこが》れを抱き、その聖地を訪れるように、日本もウイスキーによってその地の魅力を世界に知ってもらえる時代がそこまできています。これは地方創生の一助になるポテンシャルを秘めているとも考えています。

ウイスキーの基礎知識から、日本のウイスキーの歴史、今のムーブメントの最新情報、ウイスキービジネスまで。ウイスキーにまつわる私の知見を詰め込んだつもりです。小さなクラフトウイスキー蒸留所を経営しているからこそ伝えられるリアルな現場レポートを読む感覚で、ウイスキーの世界にどっぷり浸《つ》かっていただければうれしいです。

稲垣《いながき》 貴彦《たかひこ》

目次

第1部　ジャパニーズウイスキーの世界

第1章　ウイスキーの基礎知識

本書の主題であるジャパニーズウイスキーの世界に入っていく前に、まずウイスキーそのものの基礎知識を解説します。ウイスキーはご存じの通り〝洋酒〟であり、海外からもたらされたものです。日本のウイスキーのことを深く知るためにも、そのルーツからしっかりと押さえておく必要があります。

ここで最初に「ウイスキーとは何か」を簡単に解説したいところですが、これに一口で答えることは実はできません。ウイスキーの定義は国によって様々だからです。それぞれの国でウイスキーが造られ飲まれるようになった歴史的な経緯が違いますし、世界で統一された明確な基準もありません。国によっては「度数の高い蒸留酒」のことをすべてウイスキーと呼んでいたりするくらいです。

世界で一番ウイスキー消費量が多い国の基準が参考になるのではないかと思う方もいるか

世界のウイスキー出荷量ランキング(2021年)

	ブランド		生産国	出荷量(万ケース)
1	マクドーウェルズ No.1	McDowell's No.1	(印)	3,010
2	インペリアルブルー	Imperial Blue	(印)	2,410
3	オフィサーズチョイス	Officer's Choice	(印)	2,320
4	ロイヤルスタッグ	Royal Stag	(印)	2,240
5	ジョニーウォーカー	Johnnie Walker	(蘇)	1,920
6	ジャックダニエル	Jack Daniel's	(米)	1,350
7	ヘイワードファイン	Haywards Fine	(印)	1,200
8	ジムビーム	Jim Beam	(米)	1,090
9	８ＰＭ	8PM	(印)	960
9	ジェムソン	Jameson	(愛)	960
11	クラウンローヤル	Crown Royal	(加)	900
12	バランタイン	Ballantine's	(蘇)	870
13	ブレンダーズプライド	Blender's Pride	(印)	800
14	バグパイパー	Bagpiper	(印)	560
15	角瓶	Suntory Kakubin	(日)	520
16	ロイヤルチャレンジ	Royal Challenge	(印)	470
17	オールドタバーン	Old Tavern	(印)	440
18	グランツ	Grant's	(蘇)	410
18	シーバスリーガル	Chivas Regal	(蘇)	410
20	スターリン リザーブ プレミアム	Sterling Reserve Premium	(印)	360
21	ウィリアムローソン	William Lawson's	(蘇)	340
22	ブラックニッカ クリア	Black Nikka Clear	(日)	330
23	ブラック＆ホワイト	Black & White	(蘇)	320
24	エヴァンウィリアムス	Evan Williams	(米)	310
25	ダイレクターズ スペシャル	Director's Special	(印)	290
25	トリス	Torys	(日)	290
27	Ｊ＆Ｂ	J&B	(蘇)	280
27	デュワーズ	Dewar's	(蘇)	280
29	ウィリアムピール	William Peel	(蘇)	270
29	ロイヤルグリーン	Royal Green	(印)	270

※(蘇)スコッチ、(米)アメリカン、(愛)アイリッシュ、(日)ジャパニーズ、(加)カナディアン、(印)インディアン
※１ケースは750ml×12本
データ出所：DRINKSINT.COM ミリオネアズクラブ2022
出典：『2023年度 ウイスキーコニサー資料(Vol.1)』(土屋守監修、ウイスキー文化研究所)より

もしれません。その場合、参考にすべきはインドということになるのですが、インドで造られ、消費されているウイスキーは基準にはなりがたいものです。その中身のほとんどは、スコッチウイスキーと、サトウキビから砂糖を作る際に副産物として生まれる廃糖蜜《はいとうみつ》などから作られたモラセスアルコールのブレンド。原料が穀物に限られていないことから、世界のなかでは一般的にウイスキーと認められがたいものなのです。

ここで、そもそもインドで世界一ウイスキーが造られ、消費されているということを不思議に思う方が多いと思いますが、ウイスキー誕生の地である英国の植民地だったことから歴史的にウイスキーが親しまれており、また、単純に人口が多いことがウイスキーの消費量の多さにつながっているのです。

また、インドのウイスキーはそのほとんどが国内で消費されるため、国内のウイスキー製造業が盛んだということも「世界一」に影響しています。インドでは輸入ウイスキーに大きな関税がかけられており、国内の酒類産業が保護されています。しかも、国内産のモラセスアルコールなどの熟成していない中性アルコール（工業的に作られるエチルアルコールに近いもの）は価格が安く、これをブレンドすることで安価なウイスキーを大量に製造・販売することができます。関税のかかった高価な外国産のウイスキーに対してインド国内産のウイスキーが有利な状況になっているのです（第1部第2章で詳しく書きますが、かつては日本でもこれと同じようなことが行われており、そのなごりは現在にも残っています）。

ウイスキーの定義

それでは、世界的に認められ得るウイスキーの定義とはどのようなものでしょうか？　私は伝統的にウイスキーを製造しており、かつ輸出量で大きなシェアを占めるスコットランドのウイスキー（スコッチウイスキー）や、アメリカのウイスキー（バーボン等）の基準に倣うべきだと考えています。その共通項としては、次の３要素が挙げられます。

①蒸留酒であること
②穀物（大麦、トウモロコシ、小麦、オーツ麦、ライ麦等）を原料としていること
③木製の樽《たる》で貯蔵され、ある程度の期間熟成されていること

これらは一般的なウイスキーのイメージに近いものなので、この３要素に関して異論のある方は少ないでしょう。以下、順に解説します。

①蒸留酒であること

ウイスキーの3要素の一つ目は、蒸留酒であることです。

お酒のカテゴリを大きく二つに分けると、醸造酒と蒸留酒があります。「醸造酒」とは穀物や果物などを酵母の働きによってアルコール発酵させることで造られるお酒です。アルコール度数は5％からせいぜい20％弱。ワインや日本酒、ビールなどが該当します。

一方で「蒸留酒」のほうは、醸造されたお酒（醸造酒）を、蒸留（液体を蒸発させ、再び冷やして液体にすること）したものです。蒸留酒は、醸造酒を蒸留してアルコール度数を高めることで造られたもの、と言うこともできます。蒸留することで、豊かな芳香を備えた無色透明の蒸留酒になるのです。アルコール度数は40％以上にもなり、なかには90％を超えるものもあります。ウイスキーやブランデー、ラム、ウォッカ、ジン、そして焼酎《しょうちゅう》は蒸留酒に該当します。

このように醸造酒と蒸留酒は製造方法からして違うため、ワイナリーや日本酒蔵、醤油《しょうゆ》・味噌《みそ》の製造所は「醸造所」と呼ばれ、ウイスキーやジンなどの製造所は「蒸留所」と呼ばれ区別されています。もちろん違いは呼称だけではありません。造られるお酒の特徴にも違いがあります。ワインや日本酒などの醸造酒は、時間が経過すると良くも悪くも変質します。

しかし、蒸留酒は蒸留によってアルコール度数が何倍にも上がり、糖分やタンパク質などが取り除かれるため、時間が経ってもほとんど品質は変わりません。この不変性にかつての人々は霊性をみたのか、蒸留酒は「スピリッツ（酒精）」とも呼ばれているのです。

ちなみに、もう一つのお酒のカテゴリとしては「混成酒（リキュールなど）」があります。これは醸造酒や蒸留酒に果物や種子や糖分を漬け込んだもので、梅酒が身近な例として挙げられます。ベルモットやカンパリ、みりんなども該当するカテゴリです。

コラム◆蒸留の「留」と「溜」の違いは？

ウイスキーの蒸留所名を見ていると「蒸留」と「蒸溜《じょうりゅう》」の2種類の表記があることに気づきます。「溜」の表記を用いるのは、山崎《やまざき》蒸溜所や余市《よいち》蒸溜所、嘉之助《かのすけ》蒸溜所などがあり、「留」を使うのは三郎丸蒸留所や江井ヶ島《えいがしま》蒸留所、尾鈴山《おすずやま》蒸留所などです（それぞれの蒸留所は後で詳しく紹介します）。数としては「溜」を用いる蒸溜所のほうが大部分を占めています。さんずいの「溜」には酒という意味があるとまことしやかに言われたりするのですが、実はどちらの字が正しいというものではなく、意味も同じです。

歴史的には、もともとは「溜」が本来使われていた漢字だったとされています。１９４６年に国語審議会によって、法令・公用文書・新聞・雑誌および一般社会で、使用される範囲を示した「当用漢字表」が設定されました。その結果、「溜」は当用漢字表には採用されなかったのです。それぞれの漢字の意味は、「溜」が「たまる、ためる」、「留」は「とどまる」。意味は少し異なっているものの、音は同じということで「留」で代用されるようになりました。そのため、現代の酒税法の条文や新聞などではもっぱら「留」が用いられています。それでも新しく設立される多くのウイスキー蒸留所において「溜」が今でも用いられるのは、ウイスキーのもつ古い歴史のイメージを付与したいからかもしれません。

②穀物（大麦、トウモロコシ、小麦、オーツ麦、ライ麦等）を原料としていること

ウイスキーを定義づける二つ目の要素は「穀物」を原料としていることです。次ページの図にあるとおり、原材料と製法によってできるお酒が異なるのですが、ウイスキーは「穀物」を原料にした「蒸留酒」だということです。そして日本においては焼酎と区別するため、麹ではなく、麦芽によって糖化が行われたものとなります。

各酒類の原材料と製法

原材料	醸造酒	蒸留酒
米	日本酒	米焼酎など
ぶどう	ワイン	ブランデー、グラッパなど
大麦などの穀物	ビール	ウイスキー（麦芽で糖化）、麦焼酎（麹で糖化）など
サトウキビ	バシ（フィリピン・ルソン島北西部で主に造られる甘蔗酒）	ラム、黒糖焼酎など

同じく穀物を原料にした醸造酒がビールです。ウイスキーを蒸留する前に行う醸造工程は一部ビールと共通しています。ただし、できる液体（醪《もろみ》）は厳密には違います。ほかの原料でいえば、ブドウを醸造するとワインができ、そのワインを蒸留するとブランデーになるという関係性に近いといえます。

原材料が同じウイスキーとビールでは、製造設備の一部が共通しています。クラフトビール製造者がウイスキー製造に進出することが多いのはそのような理由があるのです。極端な言い方をすれば、ビールの醸造所がポットスチル（ウイスキー用の単式蒸留器）を導入すればウイスキーを製造することができるようになるのです。

原料が同じなので似ているところも多いで

すが、もちろん大きな違いもあります。ビールのアルコール度数は5～10％ですが、ウイスキーは2回蒸留することでアルコール度数は70％に達します。また、1トンのモルト（大麦麦芽）からできるビールの量は約5000リットルくらいですが、ウイスキーは天使の分け前（樽に貯蔵している間に揮発するウイスキー）も含めて約500リットルほどしか製造できません。

加えて、仕込んだらすぐに完成させてお金にできるビールと違い、ウイスキーは最低でも3年以上熟成しなければならないため、その間の収入がありません。そのため、クラフトビール事業に比べて、ウイスキーの経営規模はかなり大きくなり、初期投資金額も大きくなります。また、仕込みに関しても、醸造してそのまま飲むビールと、醪を蒸留して熟成させるウイスキーでは求められる要素が異なります。美味《おい》しいビールを蒸留して樽で熟成したとしても、美味しいウイスキーにはなりません。

なお、原料となる穀物には、大麦やトウモロコシ、ライ麦など様々な種類があります。それらを原料としたウイスキーの違いについては「ウイスキーの分類」の項で詳しく解説します。

③木製の樽で貯蔵され、ある程度の期間熟成されていること

ウイスキーを定義づける最後の三つ目は「樽」である程度の期間（長期間）熟成されたもの、ということになります。

実は蒸留したてのウイスキーは無色透明です。みなさんが想像されるウイスキーの琥珀《こはく》色は、樽で長期間熟成するときに木の成分が溶け出すことで着いた色なのです。

ただし、この「樽熟成」にはいまだに謎が残されています。樽のなかで、なぜ味がまろやかになり、芳醇《ほうじゅん》な香りをまとうようになるのかは、科学的にすべては解明されていないのです。また、同じ種類の樽で隣り合った位置で熟成されたものであっても、樽ごとに熟成の度合いが違ってきます。ひと樽ごとに原酒の色もさまざまなので、広く流通するウイスキーの商品によっては、色調を一定にするためにカラメル色素で色づけすることがあります（もっともこの色素はあくまでも色を調整する程度のもので、味に影響を及ぼすほどのものではありません）。

ちなみに、オーシャンウイスキーというブランドで、「日本初のホワイトウイスキー」と銘打たれたホワイトシップという商品が発売されたことがあります（1977年）。これは熟成したウイスキーを活性炭濾過《ろか》して、色を取って透明にしたものです。ウイスキーの常識に挑戦した画期的な商品でしたが、あまり売れなかったそうです。製造した三楽《さんらく》オーシャンの鈴木《すずき》鎮郎《しずお》社長（当時）はのちに「ちょっと時代を先取りしすぎた」と振り返っています。琥珀色であることを含めたウイスキーの魅力は、樽のなかで生まれているということなのかもしれません。

ウイスキーの分類――モルト、グレーン、ブレンデッド

ここからはより詳しく、ウイスキーの分類について紹介していきます。

まずは「モルトウイスキー」。その名の通り、モルト（大麦麦芽）のみを使ってポットスチル（銅製の単式蒸留器）で2～3回蒸留したウイスキーです。そして、一つの蒸留所で蒸留されたモルトウイスキーは「シングルモルトウイスキー」と呼ばれ、これこそが、近年のウイスキーブームをけん引する存在です。

モルトウイスキーは蒸留所によって個性がはっきりしており、香味が豊かで多様性があります。一つの釜《かま》を用いた蒸留方法（単式蒸留）を採ることにより、非効率な製造にはなりますが、原酒に香味成分などが豊かに含まれるのです。大麦麦芽から得られるウイスキーの味や香りの幅は広く、キウイフルーツやグレープフルーツ、バターのような香りや、マンゴー、ココナッツ、はたまたなめし革のような香りまであり、「なぜ麦からこんなにも多種多様な香味が生まれるのか」と不思議でなりません。また、ブドウやリンゴなどから造られる他の

ブレンドとヴァッティング

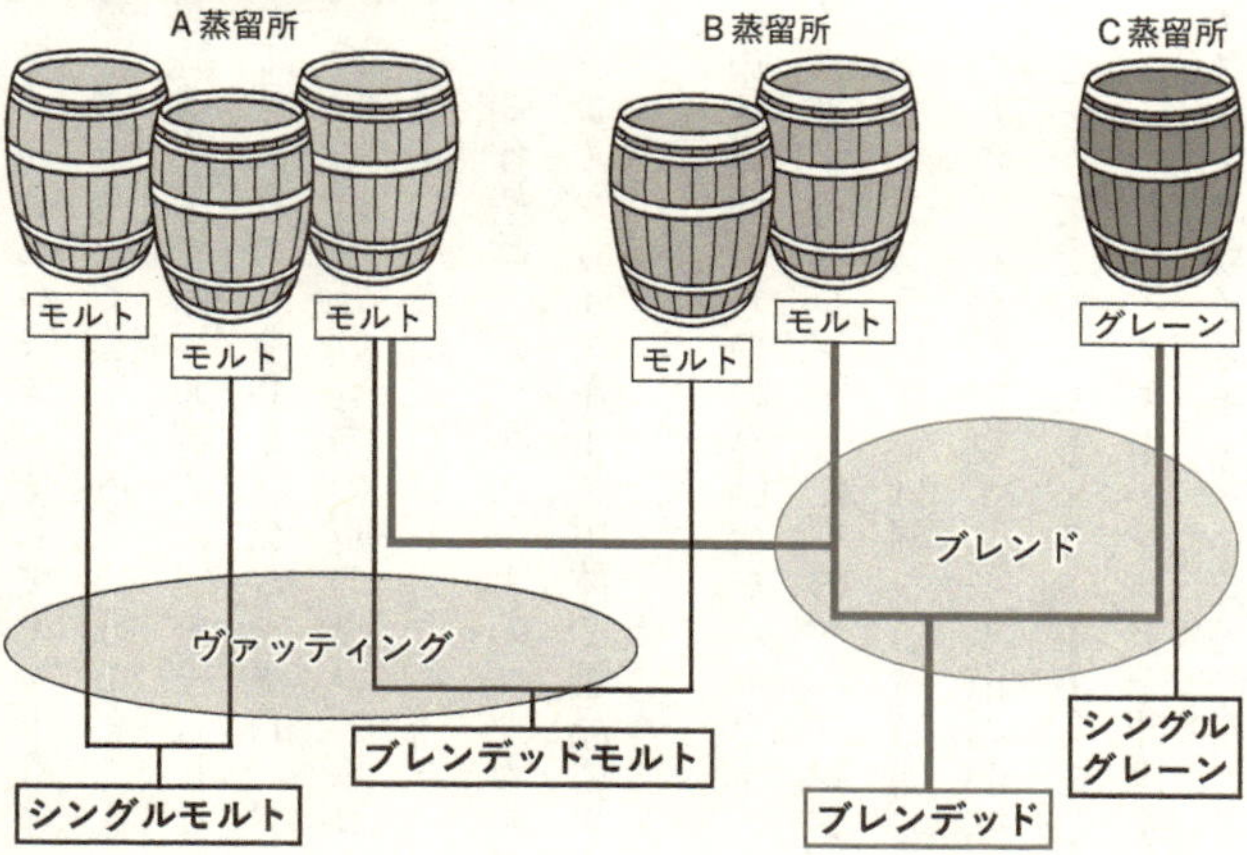

蒸留酒に比べて味に厚みがあり、ボディ感（ふくよかな味の重み）をもっているという特徴があります。

シングルモルトウイスキーはポットスチルという原始的な蒸留器と大麦麦芽という高価な原料を使用することから、独特な風味が強い上に製造量も限られるため、市場が小さく、かつてはごく限られた層に飲まれるものでした。しかし、その唯一無二の魅力が多くの人に知られるようになると一気に需要が増え、ここ10年ぐらいで価格も大幅に上昇しています。

これに対して「グレーンウイスキー」は大麦麦芽以外の穀物も使用して造られるものです。グレーンとは穀物全般を指す言葉ですが、原料としてはもっとも価格が安いトウモロコシが多く用いられます。そしてモルトウイスキーとの大きな違いになるのが、一般的に連続式蒸留機を用いて蒸留するということです。

連続式蒸留では、連続的に醪を投入しながら蒸留を行うことで、大量の醪を処理しつつ、エネルギーコストを抑えながら効率的にアルコール収率を高めることができます。これにより、香味には乏しいものの癖のないアルコールを安価で大量に造ることができるのです。これを樽熟成したのが、グレーンウイスキーです。一般に馴染《なじ》みのある銘柄でいうと、サントリーの知多《ちた》やニッカウヰスキーのニッカカフェグレーンなどが該当します。ただし、基本的にはグレーンウイスキーを単体で製品にすることはあまりありません。ではどうするのかというと、ブレンドするのです。

香味は豊かなものの高価なモルトウイスキーと、癖がなく安価で大量生産できるグレーンウイスキーをブレンドしたものが「ブレンデッドウイスキー」です。

かつてイングランドでは異なる蒸留所のウイスキーをブレンドすることは認められていませんでした。しかし、ウイスキー市場が拡大するにつれ、単独の蒸留所の生産量で需要を満たすことができなくなり、1860年の法改正でブレンドが可能になりました。ちなみに、ブレンデッドウイスキーがシェアを伸ばすにつれ、それぞれの生産者の立場から「グレーンウイスキーはウイスキーといえるのか」という論争が巻き起こりましたが、1909年に王立委員会により、グレーンウイスキーもウイスキーと認められたことで終結をみています。そうして、さまざまな蒸留所のモルトウイスキーとグレーンウイスキーをブレンドすることで、バランスが良くて飲みやすく、飽きの来ない味のブレンデッドウイスキーを、安定した品質で大量に（手に取りやすい価格で）販売できるようになったのです。

ブレンデッドウイスキーの誕生は、単なる〝地の酒〟であったウイスキーを一躍〝世界の酒〟にするきっかけになりました。ブレンデッドウイスキーは、「スコッチの歴史はブレンデッドの歴史」と言われるほど大きなシェアを占めるようになったのです。昨今のシングルモルトブームにより、かつてに比べれば比率は低くなりましたが、２０２２年においてもブレンデッドウイスキーは世界の市場の約85％と存在感は依然として大きく、世界の売上のトップ銘柄のほとんどを占めています。

・シングルモルトウイスキーの例……マッカラン、ラフロイグ、山崎、余市、三郎丸等
・シングルグレーンウイスキーの例……知多、富士《ふじ》、ニッカカフェモルト、ニッカカフェグレーン等
・ブレンデッドウイスキーの例……ジョニーウォーカー、バランタイン、シーバスリーガル、響、フロム・ザ・バレル等

世界のウイスキーとその歴史

みなさんは「世界五大ウイスキー」という言葉を知っていますか？

これらは世界的なウイスキーの産地とされていて、一般的に、「スコッチウイスキー」「アイリッシュウイスキー」「アメリカンウイスキー」「カナディアンウイスキー」「ジャパニーズウイスキー」と言われています。この言葉がいつから使われるようになったかは定かではないのですが、ここに「ジャパニーズ」が入っていることを意外に思われる人も多いでしょう。

世界における日本のウイスキーの存在感が増したのは、２００１年のベスト・オブ・ザ・ベスト（現在のワールド・ウイスキー・アワード）でシングルカスク余市10年が世界一になってからと言っていいと思います。そこから、ジャパニーズウイスキーの入賞が相次ぐようになり、現在では自信をもって世界五大ウイスキーの一つと言えるまでになっているのです。

逆に言えば、少し前まで日本のウイスキーは他の生産地に比べれば歴史も浅く、基準が緩く、また品質も及ばないとみなされていたともいえます。

日本のウイスキーの歴史については第2章で詳しく触れますので、ここからは、ジャパニーズウイスキー以外の五大ウイスキーの特徴を紹介していきます。

スコッチウイスキー出荷量ランキング（2021年）

	ブランド		所有者	出荷量（万ケース）
1	ジョニーウォーカー	Johnnie Walker	Diageo	1,920
2	バランタイン	Ballantine's	Pernod Ricard	870
3	グランツ	Grant's	William Grant & Sons	410
3	シーバスリーガル	Chivas Regal	Pernod Ricard	410
5	ウィリアムローソン	William Lawson's	Bacardi	340
6	ブラック&ホワイト	Black & White	Diageo	320
7	J&B	J&B	Diageo	280
7	デュワーズ	Dewar's	Bacardi	280
9	ウィリアムピール	William Peel	Marie Brizard W & S	270
10	ホワイトホース	White Horse	Diageo	260

※1ケースは750ml×12本
データ出所：DRINKSINT.COM ミリオネアズクラブ2022
出典：『2023年度 ウイスキーコニサー資料（Vol.1）』（土屋守監修、ウイスキー文化研究所）より

圧倒的な生産量と歴史をもつ
スコッチウイスキー

まずは、なんといっても「スコッチウイスキー」です。皆さんにも一番なじみがあるウイスキーではないでしょうか。その名の通りスコットランドで製造されたウイスキーです。

その規模は圧倒的で、２０２３年度のスコッチウイスキーの輸出金額は１兆円以上であり、ジャパニーズウイスキーの輸出額５０１億円の17倍以上が世界に輸出されているのです。世界のウイスキーの生産量に占める割合は約７割とも言われる、圧倒的な存在です。

なお、スコッチウイスキーの定義は、英国

の法律で以下のように定められています。

スコッチウイスキーの定義

①水、酵母、大麦麦芽（モルト）およびその他の穀物を原料とする
②スコットランドの蒸留所で糖化と発酵、蒸留を行う
③アルコール度数94・8％以下で蒸留
④容量700リットル以下のオーク樽に詰める
⑤スコットランド国内の保税倉庫で3年以上熟成させる
⑥水と（色調整のための）スピリットカラメル以外の添加は不可
⑦アルコール度数40％以上で瓶詰めする

スコッチウイスキーの歴史

1494年のスコットランド王室会計（財務）記録に、次のような一節が残っています。

修道士ジョン・コーに麦芽8ボルを与え、アクア・ヴィテ（アクアビテ／生命の水の意味）を造らしむ……

ウイスキー好きなら一度は聞いたことがあるかもしれません。これがウイスキーについて書かれた、文献上最古の記録だとされています。当然、スコットランドでは少なくともこれ以前からウイスキーの生産がされていたということです。生産が始まった当時の詳しいことはわかっていませんが、アイルランドから蒸留技術が伝わったとされています。ただし、その時代のウイスキーは現在のウイスキーのイメージからはかけ離れたものでした。樽熟成がされておらず、〝一地域の荒々しい蒸留酒〟にすぎなかったのです。

それが時代を経て〝世界の酒〟になるに至ったのは、ウイスキーの世界における三大発明（発見）がスコットランドで花開いたからだと考えられています。

その三大発明とは、「樽熟成」「連続式蒸留機」「ブレンド」です。

樽熟成——三大発明①

イギリス（グレートブリテンおよび北アイルランド連合王国）はイングランド、ウェールズ、スコットランド、北アイルランドの四つの地域と国で構成されています。その歴史的な経緯は割愛しますが、イングランドがこの５００年の間に民族や文化が違う国を併合してきたことによって生まれた対立は根深いものがあります。事あるごとにスコットランドの独立が叫ばれるのも、もともとは一つの国ではなかったからです。

スコットランドがイングランドに併合されたのは1707年。イングランド政府はスコットランドの完全な統合を狙い文化を弾圧、ウイスキーにも重税を課しました。課税から逃れるため、酒造者は密造を行い、樽詰めしたウイスキーを山里深くに隠すようになります。ある日、その樽を開けてみると琥珀色でまろやかで豊かな香味をもつ酒に変化していた――これがウイスキーの樽熟成の始まりと言われています。

ドラマチックかつ、スコットランドの反骨精神が表れたよくできた話と言えますが、実際はどうだったのでしょうか。

そもそも酒を保管するための樽自体は古くから用いられており、ヨーロッパで樽が文献上に登場したのは紀元1世紀と言われています。そこからオーク樽（現在も使われているナラの木などを使った樽）が用いられるようになったのが16世紀とされていますので、樽熟成発見の逸話とは200年ぐらいの開きがあります。1700年頃はそもそも大容量の液体を保管または輸送する手段は基本的に樽しかなかったはずなので、「ウイスキーを隠して重税を逃れるために樽貯蔵が始まった」という話は、やや腑に落ちない部分があります。

私は、隠すためではなく、製造規模が大きくなったことが樽貯蔵につながったのではないかと考えています。それまでの無色透明のウイスキーは、小さな農家などで余剰作物を利用して極めて小規模に製造され、ガラスや陶器の瓶でごく短期間保管され、消費されていました。ところが、ウイスキーの製造に重税が課されるようになると、小規模な製造では密造のリスクに対して割に合わなくなります。そこで同じリスクを冒すならばと製造規模が大規模化していき、その結果、比較的長期間での保管が樽で行われるようになり、熟成がされるようになっていったと考えられます。このあたりの経緯については文献がないため、はっきりとしたことはわからないのですが、いずれにしても18世紀頃から樽貯蔵が始まったと言われています。

連続式蒸留機——三大発明②

18世紀に入ってから、ジャコバイト（一六八八年の名誉革命で王座を追われたジェームズ2世を支持した人々の呼称）の度重なる反乱の鎮圧や対仏戦争の影響により、イングランド政府はウイスキーに重税を課し、密造に対しては密告者と収税吏に報奨金を出すなど、抑圧的な政策を推し進めていました。その状況が一変したのが1823年の酒税法改正です。

わずか年間10ポンドでウイスキーの製造免許を与えるという形での減税が行われたのです。それまでは重税を課すことでかえってウイスキーの税金逃れが盛んになっており、摘発するために多大なコストをかけるなど、大きな摩擦を起こしながら収税をしていました。そのようないたちごっこをやめ、税金のハードルを下げて政府が蒸留所を公認し、産業を振興することで多くの蒸留所から税を集める方向に転換したわけです。

そうした経緯でできた最初の政府公認の蒸留所が、ザ・グレンリベット蒸留所です。蒸留所にとっても政府の目を逃れて密造を行うよりも、公認のもと税を払いながら大規模化し、販路を拡大するほうが合理的だったのでしょう。グレンリベットの創始者ジョージ・スミスは大きな成功を収めました。それまでの密造から足を洗い政府から公認を受けたスミスは一方で、他の密造業者からは裏切り者とされ、命を狙われるほどの恨みと妬《ねた》みを買ったそうです。そのため、護身用に二丁のピストルを常に携行するほどでした。

グレンリベットの成功を見て、他の蒸留所も続々と免許を申請するようになり、スコットランドの密造時代は終わりを告げます。これにより、ウイスキーが産業として育つ素地ができあがったのです。

その頃、ウイスキーの製造に関わるその他の「発明」も次々となされています。

まず、1826年、スコットランド人のロバート・スタインがウイスキー史上最高の発明と呼ばれる「連続式蒸留機」の開発に成功しました。さらに、1831年にアイルランド人のイーニアス・コフィーが、この連続式蒸留機を改良して特許を取得し、「カフェスチル」

ローランド地方で普及したカフェスチル

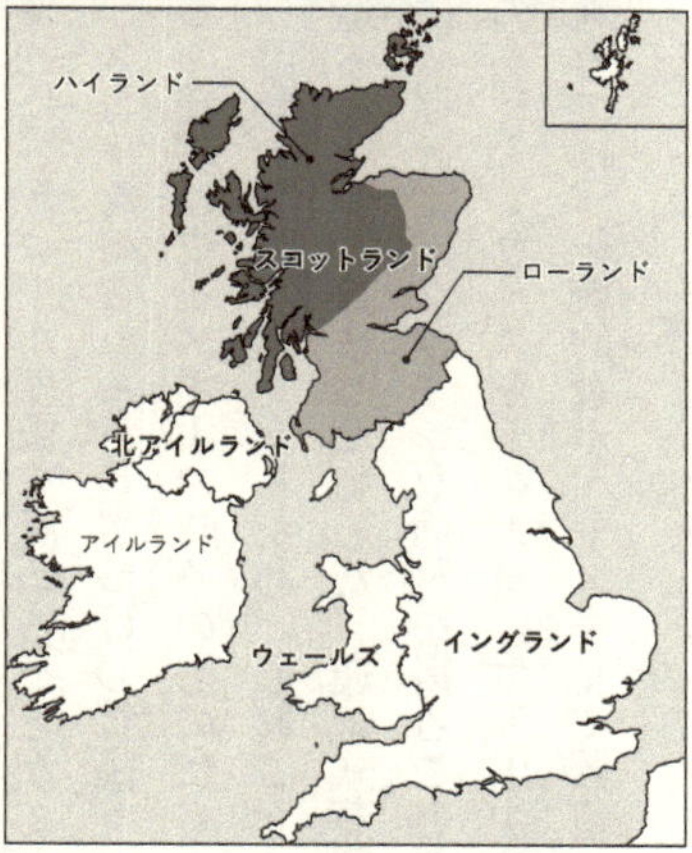

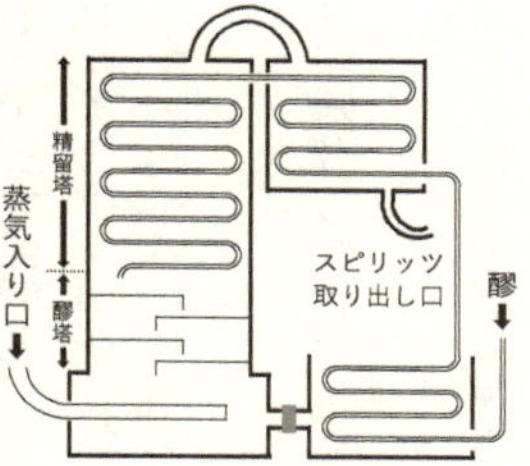

カフェスチルの仕組み
（簡略図）

が誕生しました。

カフェスチルはアイルランドでは全く受け入れられませんでしたが、スコットランド中部にあるローランド地方で普及しました。その理由はハイランド地方と呼ばれる高地は、収税人の目が届きにくく密造が盛んに行われたのに対して、ローランド地方はイングランドからも近く、なだらかな地形であったことから税を逃れにくい場所だったからです。どういうことかと言うと、ローランドでは「麦芽税」と「釜容量税」という重税を背負いながら生産を行わなければならず、そのため、麦芽の使用量を減らしたり、様々な穀物を使ったりしてコストを下げながら、小さな容量の釜で大量生産を行う必要がありました。連続式蒸留機は一つひとつの釜の容量が小さく、効率的にアルコール度数を高めることができ、様々な穀物を使ってもすっきりとした香味のウイスキーを得られるうってつけの技術だったのです。

この発明はウイスキーの味そのものにも大きな影響を与えました。それまでの単式蒸留器では原料の個性が強く出るため、原料ごとにばらつきが生まれ、安定した品質のウイスキーを造ることができませんでした。連続式蒸留機は高濃度のアルコールを取り出せるため、原料に依存せずにクリーンな酒質を得ることができます。そのため安いコストで、安定した品質のグレーンウイスキーを大量に生み出すことができるようになったのです。逆にハイランド地方では、伝統的なポットスチルで蒸留したモルトウイスキーが残り続けました。

ブレンド――三大発明③

グレーンウイスキーが造られるようになったことで、ウイスキーに大きな変化が訪れます。モルトウイスキーとグレーンウイスキーの混合による「ブレンデッドウイスキー」の誕生です。

ブレンド創始者のアンドリュー・アッシャーは、１８４０年にザ・グレンリベットの独占販売権を得ました。このグレンリベットは言わずと知れた名高いウイスキーで、非常に売れ行きがよかったのですが、問題もありました。頻繁に欠品したり、味のばらつきがあったりしたのです。当時のウイスキーは樽から量り売りがされていたので、樽によって味も違えば、安定した出荷も望めませんでした。

その解決策としてアッシャーが考えたのが、異なる年代のグレンリベットを混合すること。そうすることで、より味を安定化させ、一定の品質を担保できるようになったのです。このようにモルトウイスキー同士を混合することを「ヴァッティング」と呼びます。１８５３年に最初のヴァッテッドモルトウイスキー「アッシャーズオールドヴァッテッドモルトグレンリベット」が発売され、大好評を得たそうです。

その後、前述のように異なる蒸留所同士のブレンドが認められて、１８６０年にモルトとグレーンのブレンドによるウイスキー「ブレンデッドウイスキー」が誕生し、世界を席巻していきます。コストが安く、品質が安定したグレーンウイスキーと、多種多様な個性を持つモルトウイスキーをブレンドすることで、味に奥行きがあって多層な香味をもち、安定した品質のウイスキーをリーズナブルな価格で大量に供給できるようになりました。ここからスコッチウイスキー産業は王者としての道を歩み始めるのです。

かつてはスコッチを超える産業だったアイリッシュウイスキー

アイリッシュウイスキーは、アイルランド共和国およびその北にあるイギリス（UK）を構成する北アイルランドで生産されるウイスキーです。

アイルランドのウイスキーは、諸説ありますが、スコッチよりも古い歴史を持つとされ、蒸留酒の記録としては、イングランド王ヘンリー2世によるアイルランド侵攻時（1172年頃）に、兵士が「ウスケボー」について報告したと伝わっています。

アイリッシュウイスキーは1900年代初頭に生産量のピークを迎えており、そのときの製造規模はスコッチウイスキーを凌駕《りょうが》するものでした。しかし、1920年代以降に急激に減少しました。その原因は主に次の4点があります。

①連続式蒸留機の発明とブレンデッドウイスキーの普及

前述のように、連続式蒸留機の原型は1826年にスコットランド人のロバート・スタインによって発明され、1831年にアイルランド人の収税官だったイーニアス・コフィーが改良型を考案してアイルランドで特許をとりました（そのためコフィー式はパテント〈特許〉

した。

しかしこの連続式蒸留機を採用したのは、アイルランドの蒸留所ではなく、ロンドンのジンの業者と、スコットランドの、とりわけローランド地方の蒸留所でした。

なぜアイルランド人によって発明された画期的な連続式蒸留機が、アイルランドでは導入されなかったのでしょうか。その背景には、伝統を重んじるアイルランドの気風があったといわれています。現代においてもアイルランドを訪れると農地が多く、また、大きな教会が町のいたるところにあるのを見ると、伝統的に宗教を重んじているように感じられます。対して、当時のスコットランドのグラスゴーは工業都市であり、19世紀の後半には蒸気機関などの発展により綿工業を中心に化学、鉄工、機械、造船へと産業が発展した産業革命の中心地です。こう考えると連続式蒸留機が保守的なアイルランドで採用されず、工業都市に近く、開明的なローランド地方で採用されたことにも合点がいきます。その後のスコットランドでのウイスキー製造の隆盛は前述の通りです。１８５０年代から60年代にかけてウイスキーの混和（ブレンド）が可能となり、ヴァッテッドモルト（ブレンデッドモルト）が生まれ、続けて、モルトウイスキーと連続式蒸留機によって造られたグレーンウイスキーを混和したブレンデッドウイスキーを生み出したことで、アイリッシュウイスキーに代わって台頭し始めました。

②アイルランドの独立運動

１９１６年の復活祭の週間にイギリスからの独立を求めて大規模な蜂起《ほうき》（イースター蜂起）がおこりました。これをきっかけに、アイルランドとイギリスとの独立戦争が激化。１９２２年にはアイルランド自由国が成立しますが、その制裁としてアイリッシュウイスキーは大英帝国の商圏であるイギリス、カナダ、インド、オーストラリア、ニュージーランド、南アフリカなどから締め出されてしまいました。輸出先が限られたことで、アイリッシュウイスキー産業は大きな打撃が与えられたのです。

③アメリカの禁酒法の施行

大英帝国の商圏から締め出されたアイリッシュですが、唯一の輸出先だったのがアメリカ市場でした。しかし、禁酒法（１９２０〜１９３３年）の施行により、巨大なアメリカの市場をも失います。

④第二次世界大戦

第二次世界大戦において、スコットランドは外貨獲得のために国を挙げて内需を抑えて、輸出に力を入れたのに対して、アイルランドでは反対に、国内需要を満たすために禁輸措置を取ったため、ウイスキーの産業は衰退の道を歩むことになりました。

これらの理由により、アイルランドにおいては蒸留所の統廃合が進んでいき、産業としても縮小していきました。１９８０年代には蒸留所は2か所にまで減少しています。ただ、昨今の世界的なウイスキーブームの流れを受けて、現在では計画中のものを合わせると蒸留所が60か所近くにまで増加するなど、盛り返してきています。

アイリッシュウイスキーとは

アイリッシュウイスキーの定義は、ＩＷＡ（Irish Whiskey Association）が「アイリッシュウイスキーテクニカルファイル」としてまとめて欧州委員会に提出しており、明確に規定されています。その定義は次のようになります。

アイリッシュウイスキーの定義

①アイルランドおよび北アイルランドの蒸留所において糖化、発酵、蒸留を行う
②粉砕した発芽穀物（他に全粒粉の穀物を含めてもよい）を原料とする
③大麦麦芽に含まれるジアスターゼ（酵素）、あるいはそれに加えて天然由来の酵素によって糖化
④酵母の作用により発酵

⑤アルコール度数94・8％以下で蒸留
⑥容量700リットルを超えない木製（オークなど）の樽に詰めて熟成
⑦アイルランド、または北アイルランドの倉庫で3年以上熟成（移動した場合は両方の国での累計年数が3年以上）
⑧ボトリングに際しては水と着色のためのプレーンカラメル以外は加えてはならない
⑨最低瓶詰めアルコール度数は40％

このように、スコッチウイスキーの定義と似ていますが、熟成する樽の木材がオークに限らないのが違う点です。また、アイリッシュウイスキーは原料と製法によって、以下の4種類に分けられています。

①ポットスチルアイリッシュウイスキー
②モルトアイリッシュウイスキー
③グレーンアイリッシュウイスキー
④ブレンデッドアイリッシュウイスキー

②～④に関しては、スコッチウイスキーの同種のものと非常に近い製法のため説明は割愛

しますが、アイリッシュの最大の特徴はなんといっても①の「ポットスチルアイリッシュウイスキー」があることでしょう。

これは、大麦麦芽と未発芽大麦を主原料に、その他の穀物（オート麦〈カラス麦〉やライ小麦など）、水、酵母を原料としたものです。蒸留は銅製のポットスチルを使い、通常は3回蒸留を行いますが、2回蒸留も認められています。アイリッシュらしいとされる独特のオイリーさ、穀物様のフレーバーをもち、酒質は比較的軽く、熟成期間を短く済ませることが可能なものが多いとされています。

コラム◆WHISKYとWHISK［E］Y

ウイスキーを棚に並べ、ラベルを見ていると、ウイスキーのつづりが「WHISKY」のものと「WHISKEY」のものの2種類があることに気づくと思います。

スコッチウイスキーにおいては、「WHISKY」とつづられ、Eがありません。一方でアイリッシュウイスキーのつづりは、一般的に「WHISK［E］Y」とEが入ります。このスペルの違いに関しては、アイルランドとスコットランドの歴史的な対立が一因としてあるようで、スコッチとの差別化を図るためにアイリッシュがつづりにEを加えたとも言われています。

アメリカでは、メーカーズマークやジョージディッケルなどEのない「WHISKY」とつづるブランドもありますが、大半のブランドでは「WHISK［E］Y」のつづりが使用されています。アイルランドからの移民によってウイスキーが造られることが多かったからです。

日本では、竹鶴政孝がスコットランドでウイスキーの製法を学び、それを日本に持ち帰ることで製造をスタートさせたという経緯があるため、スコットランド譲りの「WHISKY」とラベルにつづられていることが一般的です。

面白い例外として、キリンの富士というウイスキーが挙げられます。富士はグレーンウイスキー、シングルモルト、ブレンデッドウイスキーの3種類のラインナップがあるのですが、グレーンウイスキーのみ「WHISK［E］Y」とEが入り、それ以外は「WHISKY」と表示されているのです（2023年現在）。これは、キリンの富士御殿場《ふじごてんば》蒸溜所がキリンビール株式会社（日本）、JEシーグラム社（米、当時）、シーバースブラザーズ社（英）の3社合弁によるキリン・シーグラム株式会社によって設立されたことに由来しています。グレーンの蒸留技術がアメリカのシーグラム社によってもたらされたことが「WHISK［E］Y」表示に表れているわけです。同じブランドで2種類の表記が混在するのはレアケースですが、そのつづりには富士御殿場蒸溜所の成り立ちが関係していたのです。

日本ではバーボンばかりが知られるアメリカンウイスキー

アメリカンウイスキーは、その名の通りアメリカ合衆国で造られるウイスキーです。

ただ、アメリカのウイスキーを表すものとして、皆さんに耳馴染みがあるのは、なんと言っても「バーボン」のほうだと思います。よく「バーボンはウイスキーなのですか？」という質問を受けることもありますが、バーボンは、バーボンウイスキーの略称です。れっきとしたウイスキーであり、アメリカンウイスキーの代表格と言っていいものです。

また、「ジャックダニエルを代表とするテネシーウイスキーはバーボンと違うものですか？」と質問を受けることも多いですが、テネシーウイスキーは大前提として、バーボンウイスキーの要件をすべて満たしています。その上で、テネシー州で蒸留直後のスピリッツをサトウカエデの木を原料に作った炭で濾過する工程（チャコールメローイング）を経て造られたものがテネシーウイスキーであると定義されています。テネシーウイスキーは独自の法定義をもつものの、大きな括《くく》りとしてはバーボンのうちに入るわけです。

バーボンウイスキーの「バーボン」とは、そもそもアメリカ合衆国ケンタッキー州バーボン郡で生まれたウイスキーであることに由来します。そのため今でもケンタッキー州だけで造られていると思われがちですが、それは間違いで、ケンタッキー州以外で造られていても、アメリカ国内でバーボンの法定義を満たして造られたものはバーボンです。ちなみに、バーボン郡の「バーボン（Bourbon）」は、フランス語では「ブルボン」と発音されます。アメリカの独立戦争をフランスが支援したことへの謝意を込め、当時の王朝であるブルボン朝の名前を地名としたものなのです。

アメリカンウイスキーの蒸留所は、近年の世界のウイスキーブームのなかで激増しています。アメリカはブランド名の売り買いが盛んであったり、蒸留設備をもたない業者が原酒を購入して熟成やボトリングや販売のみを行う銘柄が大量に存在したりするため、蒸留所の正確な数が把握できない状態です。

アメリカンウイスキーとは

アメリカンウイスキーは穀物を原料に１９０プルーフ（95％）以下で蒸留し、オーク樽で熟成（但し、コーンウイスキーは熟成自体は義務とされていない）、80プルーフ（40％）以上でボトリングしたものです。

ここでいう「プルーフ」は、アメリカンプルーフというアルコール度数を表す単位で、アメリカンプルーフをちょうど半分にしたものが、日本のアルコール度数になります（ちなみに、スコッチで使用されているブリティッシュプルーフは、０・５７１を掛けたものが、アルコール度数となります。代表的なものだと、スペイサイドのシングルモルトのグレンファークラス１０５の場合、１０５プルーフであり、それに０・５７１を掛けると59・９５５％となるので、60％のアルコール度数を表していることになります）。

また、アメリカンウイスキーは、原料や製法から主に下記のように分類されています。

①バーボンウイスキー　※原料にコーンを51％以上使用
②ライウイスキー　※原料にライ麦を51％以上使用
③ホイートウイスキー　※原料に小麦を51％以上使用
④モルトウイスキー　※原料にモルト（大麦麦芽）を51％以上使用
⑤ライモルトウイスキー　※原料にライモルトを51％以上使用

⑥コーンウイスキー　※原料にコーンを80%以上使用。樽熟成の義務はないが、熟成させる場合は、古樽または樽の内側を焦がしていない新樽で熟成させる

⑦ブレンデッドウイスキー　※右記のいずれかのストレート・ウイスキーを20%以上含み、それ以外のウイスキーまたはスピリッツをブレンドしたもの

バーボンウイスキーの製法

バーボンは原料の51%以上がコーン（トウモロコシ）であり、その他にライ麦・大麦麦芽、小麦・未発芽大麦などの穀物を使用します。これら原料の穀物の比率のことをマッシュビル（mash bill）と言います。これは、バーボンの糖化液（mash）を造るための穀物の献立表（bill）とも言うべきもので、蒸留所やブランドによってそれぞれ独自のマッシュビルがあります。

原料となるトウモロコシは、食卓で馴染みのあるスイートコーンではなく、硬く、粒の上に凹《へこ》みのあるデントコーン（馬歯種）という種類で、コンスターチの原料や家畜の飼料としても使用されているものです。

これらを麦芽に含まれる酵素と酵素剤（糖化酵素）の力で糖化し、そこに酵母を加えてアルコール発酵させます。それを、ビアスチルと呼ばれる円筒式コラムスチルと、ダブラー

（一部でダブラーを改良したサンパー）と呼ばれる精留装置でアルコール度数を80％（１６０プルーフ）以下になるように蒸留を行い、原酒を製造。この原酒をアルコール度数62・５％（１２５プルーフ）以下に加水調整し、樽の内側をチャーした（焦がした）ホワイトオーク製の新樽に詰め、熟成を行います（2年以上熟成させたものは、ストレート・バーボンウイスキーと表示することができる）。

バーボンウイスキーの熟成庫は巨大な木造建造物です。マンションと同じように階層構造になっており、高さは現在（２０２３年）では7階建てまでが認められています。一つひとつのフロアに、３段に積まれた樽が収納されています。また、建物の構造自体がラックとして機能していて、効率的に樽を保管・管理することが可能です。建物とラックを切り分けて考える（建物のなかに、ラックを設置する）日本の熟成庫とは全く異なる考え方で、樽を効率的に収納することに特化した建物になっているのです。

建物に木が使われるのは、森林資源豊かなケンタッキーにおいて木材が安く調達できるからですが、木造であることにはリスクもあります。表面の処理がされていないそのままの木材を使い、高濃度のアルコールであるウイスキーの原酒を熟成させているわけですから、もし火災になった場合には大きな事故になる可能性があるのです。実際、大手のメーカーでも過去に大火災が発生し、巨額の損失が発生したこともあります。そのため、火災の延焼を防ぐために、熟成庫同士はある程度距離を離して建てるという工夫がされているそうです。

バーボンと新樽と世界のウイスキー

前述の通り、バーボンウイスキーの熟成には樽の内側を焼き焦がした新樽を使うことが必須です。一度使用した古樽はバーボンウイスキーの熟成には使用できないので、スコッチや日本のウイスキーの熟成や、ラムなどの他の酒類の熟成に用いられるようになります。

この「新樽しか使えない」という決まりは、アメリカで強い影響力を持つ業界団体が、樽の製造業者の職を守るためにつくったものだと言われていますが、近年、この決まりがバーボンや、その他の地域のウイスキーにも、「樽の流通」の面で影響を及ぼしています。

バーボンウイスキーの生産量の増大や、新型コロナウィルスの影響による新樽の製造の遅れなどにより、バーボンのメーカーが新樽を確保することが難しくなってきているのです。一部のバーボンメーカーでは、新樽を用いず、古樽を使用して、バーボンウイスキーではなくアメリカンウイスキーの製造を行うようにもなってきています。

そのため、バーボン造りで一度使用された古樽（バーボン樽）が海外に出回る数が減少。さらに世界的なウイスキー蒸留所の建設ラッシュが重なったことで、樽不足に拍車がかかり、

建設中のバーボンウイスキー熟成庫

建物の構造自体がラックとして機能している

バーボン樽の価格が高騰しています。このようにアメリカのバーボン産業は、他の国のウイスキー産業とも密接な関係をもち、影響を与えているのです。

製品としてより原料用として浸透したカナディアンウイスキー

カナダでは、17世紀後半からビールの醸造所に蒸留装置が設置されるようになってきており、それがカナディアンウイスキーの始まりだとされています。

1776年のアメリカの独立宣言後には、アメリカにいたイギリス系住民がカナダへ移住し、ライ麦や小麦などの穀物の栽培を始め、製粉業も発達。その余剰穀物からウイスキーを生産する人が増え、ウイスキーを専門に造る業者も現れました。アメリカの禁酒法時代にはカナダで大量のウイスキーが製造され、密輸が行われていました。そうした経緯から、禁酒法撤廃後もアメリカ市場に浸透していき、産業として発展していったのです。

カナディアンウイスキーとは

カナディアンウイスキーの定義は、「穀物を原料に酵母によって発酵を行い、カナダで蒸留し、小さな樽（700リットル以下）で最低3年間貯蔵したもの」です。

カナディアンは、フレーバリングウイスキーとベースウイスキーの2種類の原酒を製造しています。小麦、ライ麦、トウモロコシ、大麦麦芽などを原料として、アメリカのバーボンウイスキーに近い製造方法で造られるのがフレーバリングウイスキー。コーンなどを主原料にして、連続式蒸留機によってアルコール度数95％以下で蒸留されるのがベースウイスキーです。カナダは小麦の生産量が多いこともあり、トウモロコシをメインで用いるアメリカンと比べて小麦やライ麦を原料に使用する割合が多くなるため、風味は優しく、癖がないのが特徴となります。

カナディアンにおける「フレーバリングウイスキー」と「ベースウイスキー」との関係は、スコッチやジャパニーズウイスキーにおけるブレンデッドウイスキーの「モルト原酒」と「グレーン原酒」の関係に近いといわれます。しかし、原料由来の違いというよりは蒸留方法の違いによる部分が大きいため、モルトウイスキーとグレーンウイスキーほどの香味の違いは感じません。フレーバリングウイスキーとベースウイスキーをブレンドしたものはカナディアン・ブレンデッドウイスキーと呼ばれ、カナディアンのほとんどがこのブレンデッドウイスキーです。

また、ブレンデッドウイスキーのブレンドの際に、9・09％まではカナダ産以外のものを加えることが可能です。バーボンなどの他国のウイスキーだけでなく、ワインやブランデーを添加することも許されており、シェリー酒そのものがウイスキーにブレンドされるケースもあるなど、自由度が高いウイスキーと言うことができます。

カナディアンウイスキーは五大ウイスキーのなかの他の国のものより飲みやすく、また、大規模な設備を用いて造られています。個性が弱く、存在感が薄いことは否めませんが、その癖のなさを活かして、ブレンド用のバルクウイスキー（原料用としてタンクなどで大量に運ばれるウイスキー）として他国に大量に出荷されています。

ある蒸留所の場合、原酒の約25％が自社の商品用に使用されていますが、残りの約75％がバルクウイスキーとして販売されており、日本にも輸入されています。影は薄いものの、縁の下の力持ちともいえるウイスキーであり、知らず知らずのうちに私たちも口にしているかもしれません。

その他の国や地域のウイスキー——台湾、中国、韓国

本章の最後に、五大ウイスキー以外のウイスキーの産地に少しだけ触れておきます。

世界的なウイスキーブームにより世界の様々な地域でウイスキー製造が盛んになっていますが、なかでもアジアの国々が盛り上がりを見せています。特に知名度を上げて人気が出て

きている筆頭は台湾のカバラン蒸溜所でしょう。

台湾の大手飲料メーカー金車《きんしゃ》グループ所有の宜蘭県にある蒸留所で2006年に生産を開始し、ワールド・ウイスキー・アワードにおいて「ワールドベストシングルモルト」に輝き、世界一のシングルモルトとして高い人気を博しました。良質な樽の確保と、亜熱帯の暑い環境での早い熟成、そしてカバラン独特の南国フルーツを思わせる濃厚なフレーバーが高い評価を得ています。

中国も有数のウイスキーマーケットになっています。ディアジオやペルノ・リカールのような世界的な大手メーカーが巨額を投じて、中国国内に大規模なウイスキー蒸留所を建設しています。また、地元資本でも大規模な蒸留所が建設され、その製品が熟成しウイスキーとして流通しはじめており、大きなポテンシャルを秘めています。

韓国国内では酒税が高く、ウイスキーは以前まで「高嶺《たかね》の花」のような存在でした。しかし、近年では若者の間でウイスキーがブームになっています。すでにいくつかの蒸留所でモルトウイスキーが製造されており、大手財閥によるウイスキー産業への参入の話もあるようです。

コラム◆オフィシャルとは？　ボトラーズとは？

ウイスキーには主に二つの販路があります。一つが「オフィシャル」と呼ばれるもので、蒸留所から発売されるウイスキーであり、広く販売されるものです。例えばマッカラン12年やラフロイグ10年などは、世界中で基本的に同じものが販売されていますが、これらは蒸留所が自前で熟成し、ブレンドおよび販売をすることで大量に流通させているものです。

世界で一番販売されているグレンリベットのオフィシャルは2021年に150万ケースを出荷しています。基本的にこれらのウイスキーは同じ銘柄であれば、ブレンドや冷却濾過やカラメルでの着色を経て、「同じ味」「同じ色調」になるように調整されています。

一方で「ボトラーズ」はウイスキー専門のバーや、ウイスキーに特化した特殊な店にしか並ばない、数が限定された商品です。

ボトラーズは「インディペンデント・ボトラーズ」の略であり、独立系瓶詰め業者と

オフィシャルとボトラーズの関係

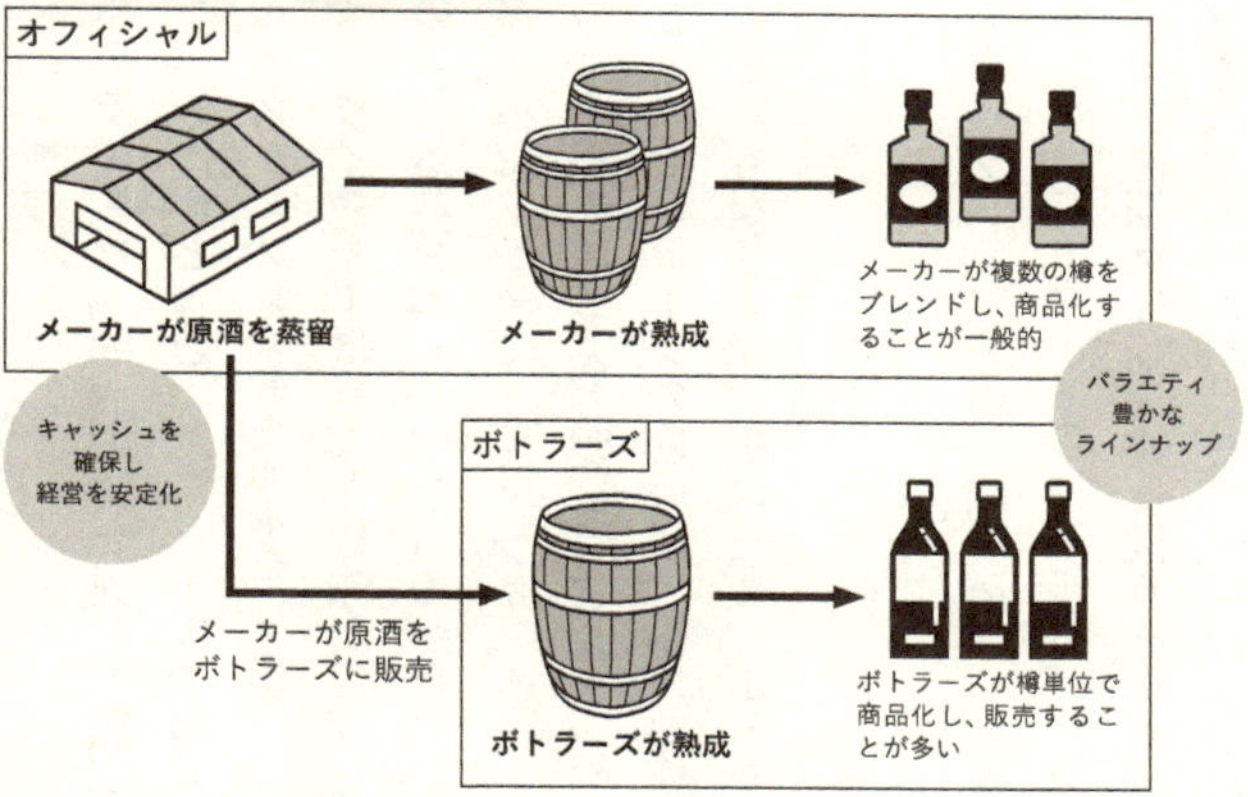

オフィシャルとボトラーズはラインナップを相互に補完する関係になっている

も訳されるものです。蒸留所から原酒を購入し熟成することで独自の商品として販売する業態です。

なぜこのような業態が存在するかというと、蒸留所が熟成中の原酒をボトラーズに販売することでキャッシュを確保し、安定的に操業することができるようになるからです。ウイスキーの本場スコットランドでは、ボトラーズは100年以上前から存在しており、ゴードン&マクファイル社（G&M）やケイデンヘッド社などがあります。自前の熟成庫やボトリング設備を持たず、大手ボトラーズからウイスキーを購入し販売しているボトラーズも存在し、それらを含めると蒸留所の数よりボトラーズの数のほうが多くなるくらいです。

ボトラーズは「独自の樽を異なる熟成期間で小ロットで瓶詰めする」というように、オフィシャルとは違ったスタイルで商品を展開しています。多くのボトラーズではシングルカスク（ブレンドや加水を行わず、一つの樽からそのまま瓶詰めするスタイル）が中心です。ウイスキーは樽ごとに味が違うため、シングルカスクのウイスキーは、ひと樽から得られる数百本しか同じものが存在しない、希少なウイスキーとなります。

基本的にノンカラー・ノンチルフィルター（カラメルでの着色や冷却濾過をせず、樽出しのままの状態）で瓶詰めされます。いわば自然のままのウイスキーを飲むことで蒸留所ごとのビンテージの違いや、樽や熟成年数による違いなども味わえ、深く蒸留所を知ることにもなります。そのため、ボトラーズ商品はウイスキーマニアに人気があるのです。

加水やブレンドを経て同一のスペックでリリースされる蒸留所の定番商品（オフィシャル）と、ボトラーズのリリースするシングルカスクといった少量生産の商品は、ラインナップを相互に補完する役割を果たしています。

ウイスキーに入門したての頃は、手に入れやすく価格の手ごろなオフィシャルで大まかな蒸留所の特長を知り、徐々にボトラーズを通して蒸留所の魅力や一期一会の個性に触れる――そのような楽しみ方を演出することを通して、オフィシャルとボトラーズがウイスキーの世界の奥行きを作っているのです。

第2章　ジャパニーズウイスキー百年史

本章ではいよいよ、ジャパニーズウイスキーの世界を案内します。

第1章で見てきたように、それぞれの産地のウイスキーはその地域の歴史や生活、産業の成り立ちなどと密接な関係がありますが、それは日本においても同様です。

ジャパニーズウイスキーは２０２３年にやっと百周年を迎えたばかりなので、２００年を超える歴史を持つ他の産地と比較すると歴史が短く、また、ウイスキーの基準が他の産地に比べて緩いものになっている（第3章で詳しく解説します）など大きな課題を抱えたりもしていますが、それらの背景にも日本特有の歴史があります。

ジャパニーズウイスキーの成り立ちや、現在の課題を理解するためにも、まずは日本のウイスキーの百年の歴史を紐《ひも》解いていきましょう。

日本人とウイスキーとの出会い

日本にウイスキーが伝えられたのは江戸時代末期です。以前までは1853年7月にペリー提督が浦賀《うらが》に来航した「黒船来航」が最初と考えられていましたが、近年は、その前月には琉球《りゅうきゅう》にウイスキーがもたらされていたという研究結果があります。ウイスキー文化研究所の土屋守《つちやまもる》先生によると、ペリーが浦賀に訪れる前の1853年6月に、寄港した琉球王国で船上パーティが催され、招かれた琉球王国の高官にウイスキーが供されたようです。前述したようにスコッチ法改正によってスコッチのブレンデッドウイスキーの製造が可能になったのは1860年です。そのため、この時に出されたのはスコッチのモルトウイスキーもしくはアメリカンライウイスキーの可能性がありますが、はっきりとしたことはわかっていません。

模造ウイスキーの製造

1868年の明治維新以降、西洋文化の流入と共にウイスキーが日本に輸入されるようになります。それと同時に国内では模造ウイスキーが製造されるようになりました。これは当時関税が低かった海外の醸造アルコールを輸入し、香料や砂糖、カラメルなどを加えただけのものです。当然、本来のウイスキーとはかけ離れたものでしたが、安価だったということもあり、薬種問屋などが手掛けることで製造・販売が広がっていきました。

1901年には酒税法が改正され、輸入アルコールの価格が上がったため、国内で醸造アルコールを製造する企業が誕生しました（背景には軍需物資として日本政府がアルコール製造産業を奨励したこともあります）。しかし、ウイスキーに国産の醸造アルコールが用いられるようになったというだけで、出来上がったものは、やはりこれまでの模造ウイスキーの枠を出るものではありませんでした。本格的なウイスキー製造の技術がもたらされるのはまだ先のことです。

ジャパニーズウイスキーの幕開け

「日本のウイスキーの父」とも呼ばれるニッカウヰスキーの創業者・竹鶴政孝は、1894年に現在の広島県竹原《たけはら》市の竹鶴酒造の三男として生を受けました。竹鶴は大阪高等工業学校（現大阪大学工学部）の醸造科に進学していましたが、興味の対象は家業の日本酒ではなく、洋酒でした。

そこで竹鶴は1916年、「徴兵検査まで」という約束で大阪の摂津《せっつ》酒造に入社、ブドウ酒づくりに従事するようになります。その後竹鶴は予定通り徴兵検査を受けましたが、アルコールの製造経験があることを惜しんだ検査官に乙種とされたことで、引き続き摂津酒造で働くことになりました。

1918年、竹鶴はスコットランドのグラスゴー大学へ進みます。1902年に日英同盟が締結されたことを契機に、当時はスコッチウイスキーの輸入が増加していましたが、それでも安価な模造ウイスキーが市場を賑《にぎ》わせていました。そこで摂津酒造の社長の阿部喜兵衛《あべきへえ》と常務の岩井喜一郎《いわいきいちろう》が、日本での本格的なウイスキーの製造を計画。竹鶴にウイスキーの本場であるスコットランドへの留学を命じたのです。

大学では勉強するだけでなく、ロングモーン蒸留所や、ヘーゼルバーン蒸留所での実習も行いました。竹鶴はこのときの実習の成果を実習報告、いわゆる「竹鶴ノート」にしたため、帰国後に上司であった岩井に提出しています。そこには、スコットランドの蒸留設備や蒸留方法に関する詳細が事細かく記されていました。このノートが日本の本格ウイスキーの起源であり、原点といえるものになったのです。

リタとマッサン

竹鶴はグラスゴー大学に留学した際、エラ・カウンという医学生と出会います。そのエラの自宅に招かれた際に出会ったのが、エラの姉であるリタ・カウンでした。ほどなくして二人は恋に落ち、リタの家族のほとんどに反対される中で結婚します。リタは竹鶴政孝（マサタカ）をマッサンと呼んでおり、これが二人をモデルにして描かれたＮＨＫ連続テレビ小説『マッサン』（２０１４年放送開始）のタイトルにもなっています。このあたりの経緯はドラマでご覧になった方も多いでしょう。

１９２０年11月、竹鶴はリタとともに日本に帰国し、竹鶴の家族からも反対を受ける中で、日本での結婚生活をスタートさせました。帰国後には摂津酒造の上司の岩井に前述の通り竹鶴ノートを提出し、摂津酒造としてウイスキーの製造に取り掛かろうとしました。しかし、第一次世界大戦後の戦後恐慌の煽《あお》りを受け、莫大《ばくだい》な資金のかかるウイスキーの製造計画は頓挫。１９２２年に竹鶴は摂津酒造を退社します。

摂津酒造を退社した竹鶴は、大阪の阿倍野《あべの》に創立された桃山《ももやま》中学で化学を教え、妻リタも帝塚山《てづかやま》学院で英語の教師をしながらピアノと英語の個人教授をして家計を助けました。

竹鶴政孝と鳥井信治郎との出会いと別れ

１９２３年、竹鶴は大阪の寿屋《ことぶきや》（現サントリー）の社長・鳥井《とりい》信治郎《しんじろう》からの誘いを受けて、寿屋に入社します。

鳥井は１９０７年発売の赤玉ポートワインで成功をおさめており、その資金をもとに本格ウイスキーの製造に乗り出そうとしていました。製造を任せられるスコットランド人技術者を探していたのですが、現地に問い合わせをした際に、竹鶴がそこでウイスキーの製造を学び、日本に帰国していることを知ったのです。

実は、竹鶴と鳥井が出会うのはこれが初めてではありません。摂津酒造が寿屋からの赤玉ポートワイン受託製造を行っていたことから、両者には面識がありました。浅からぬ因縁を感じます。

竹鶴の入社後、ウイスキー蒸留所の建設計画が始まりましたが、建設場所を巡って竹鶴と鳥井で意見が分かれました。ウイスキーの本場スコットランドの環境に近い冷涼な北海道でウイスキーを造ることを望んだ竹鶴と、消費地に近い場所での製造を望んだ鳥井との間で考えの相違があったのです。最終的には鳥井の思いが反映され、大阪・山崎の地に蒸留所が構えられました。これが山崎蒸溜《じょうりゅう》所です。

鳥井は１９２３年の10月に蒸留所の建設に着手し、１９２４年11月11日に竣工、竹鶴は初代工場長に就任し、日本初のウイスキーの製造を始めました。この山崎蒸溜所の建設が開始された１９２３年が「日本のウイスキー元年」とされているため、２０２３年にジャパニーズウイスキーは百周年を迎えたということになるわけです。

山崎蒸溜所で造られたウイスキーは、１９２９年にサントリーウヰスキー（通称白札）として発売されます。これが日本初の本格ウイスキーであり、後のサントリーホワイトです。この白札は、スコッチウイスキーに引けを取らない強気な値付けで、ピート香（「ピート」は第5章で解説します）も強かったこともあり、当時の日本の消費者には思うように受け入れられませんでした。この白札の反省を踏まえ１９３７年に発売したサントリーウヰスキー12年（のちの角瓶）では、ピート香を抑えたことも奏功し、成功を収めます。

１９３４年、竹鶴は当初10年間の約束で働き始めたこと、そして、40歳という年齢の区切りを迎えたこともあり寿屋を退職します。このあたりの経緯については竹鶴自身が『ウイスキーと私』という著書の中で「鳥井さんなしには民間人の力でウイスキーが育たなかっただろうと思う。そしてまた鳥井さんなしには私のウイスキー人生も考えられない」と述懐しています。竹鶴が当初目指したスコッチタイプのウイスキーは当時の日本人には受け入れられませんでした。しかし、鳥井が日本人に合わせたウイスキーを作り出したことが、日本にウイスキーが根付く土壌となったのです。

余市蒸溜所と第二次世界大戦

竹鶴は1934年7月に、念願であった北海道余市の地に大日本果汁株式会社（現ニッカウヰスキー）を設立し、ウイスキーの製造へと動き始めます。ウイスキーを製造・出荷するまでには数年かかるため、それまでは余市特産のリンゴをジュースにして販売することで収益を確保できるよう計画しました。

しかし、原料を農家から手厚く買い取ったことで高価な商品になってしまったこと、そして本格的なジュースであったために混濁が発生し、返品が相次いだことなどから、経営は安定しません。また、世の中の情勢も不安定でした。1936年にウイスキーとブランデーの製造を始めますが、1939年に第二次世界大戦が勃発《ぼっぱつ》、その翌年の1940年に余市で製造した最初のウイスキーであるニッカウヰスキーを発売した、という具合です。なお、ニッカウヰスキーの「ニッカ」は、社名の大日本果汁から「日」と「果」をとった略称です。

この頃、大日本果汁と寿屋の山崎蒸溜所は海軍の指定工場になり、戦時中で物資が不足する中でも貴重なアルコールを生産するために原料の供給を受けるなど、保護されるようになりました。また製品は配給組合から買い上げられます。そのため、宣伝・販売に労力やコストを割かなくても売上を確保することができるようになり、大日本果汁において積み重なっていた赤字も解消し、経営を安定させることができました。戦争という特異な状況が日本のウイスキー産業の始まりに与えた影響は大きなものだったのです。

戦後と密造酒

１９４５年の敗戦後は、大戦末期からの食糧不足の深刻な状況が続いていました。食糧もお酒も配給の対象であり、その量も少なく、人々は満足にお酒を飲むことができません。一方で、社会がすさみ、厳しい現実の中でお酒に逃避しようとする人が相次ぎます。そのような状況下で、終戦で不要となった軍用の燃料アルコールがヤミに流れ、密造酒の原料となりました。そうして造られたのが、いわゆる「バクダン」です。

バクダンは、飲んだとたんに体の中が急にパッと熱くなることからその名がついたと言われます。これらの密造酒はガソリンやメチルアルコールが混ぜ合わせられたもので、身体への危険性が高いものでした。ガソリンは水よりも比重が軽く上澄みとして浮いてくるため、それを燃やしてしまうことで飲むことが可能になったと言われています。ただし、香りもあいまって恐ろしいほどの酩酊《めいてい》状態に陥るものだったそうです。

メチルアルコールが混ぜられていたものはそれだけでは済みません。メチルアルコールは毒性が非常に高く、分離することも難しい代物でした。少量を飲むだけで失明したり、下手をすると命を落としたりもするもので、メチルは「目散る」「命散る」などと当て字がされたくらいです。それにもかかわらず、飲む人は後を絶ちません。多くの人が密造酒を飲んで命を失ったそうです。

死亡者が出ることが知られるようになると、人々はバクダンを飲むのをさすがに控えるようになります。そこで登場するのが「カストリ」という別の密造酒です。本来、カストリは粕取《かすとり》焼酎《じょうちゅう》（酒粕焼酎／酒粕から造られるお酒）を意味しますが、密造酒のほうのカストリは、甘酒麴と蒸米と水を混ぜて発酵させたドブロクを、簡易な蒸留器で蒸留したものでした。

１９４７年の密造酒の製造量は58万キロリットルほどだったと言われていますが、それに対して課税数量は約30万キロリットル。いかに密造酒が大量に造られていたかがわかります。バクダン、カストリ以外にも危険な密造酒は後を絶たず、ウイスキーもその例外ではありませんでした。１９４８（昭和23）年6月25日付の『朝日新聞』には、次のような記事も残っています。

殺人ウィスキー〝ダイヤモンド〟が都内に出回り始めたというので、都衛生局では徹底的に販路を追及して密造場所をつきとめ、現品を押収するため前例のない緊急調査を二十四日各区役所、地方事務所へ指令した。

日本のウイスキー産業は、戦時下においては保護されたことで経営が安定化しましたが、敗戦によって模造ウイスキー時代に戻ってしまったわけです。

酒税法とウイスキー

古来、酒は国によって統制され、酒税は国の特に重要な財源となってきました。そして、それを規定する酒税法は酒造業の産業構造やトレンドにも大きな影響を与えます。日本のウイスキーの歴史を知るためにも、酒税法の知識が欠かせません。

日本のかつての酒税法は、酒の品質や文化としての酒造を守ることへの考慮はあまりされず、あくまで財源としての酒税に重きをおいて運用されるものでした。経緯を見ていきましょう。

戦時中の1943年、酒税法においてウイスキーは「和酒とビールとワイン以外のお酒」を指す「雑酒」として、他のスピリッツなどと十把一絡げに分類されます。また、ウイスキーは一級、二級、三級として分類され、それぞれに公定価格が決められていました。後の１９４９年に決められたウイスキーの級別内容は次のようなものです。

一級ウイスキー：３年貯蔵以上の本格ウイスキーの混和率30％以上で、アルコール分43度以上

二級ウイスキー：本格ウイスキーの混和率５～30％未満で、アルコール分40度以上

三級ウイスキー：本格ウイスキーの混和率５％未満で、アルコール分40度以上

このように、三級ウイスキーはウイスキー原酒の混和率が「５％未満」とされています。つまり、極端なことをいえばウイスキーの原酒を一切使わず（０％）、何らかのアルコールにカラメルと香料で色付けしただけでもウイスキーと認められていたのです。

さらに１９５３年に酒税法は大幅に改定されています。大分類としては「雑酒」という分類は残ったものの、細分類として「ウイスキー」「ブランデー」「スピリッツ」「リキュール」「甘味果実酒」「セリー（シェリー酒）」「ベルモット」などが登場し、各酒類の定義付けがなされ、税率もより明確になりました。また、ウイスキーの級別の一級、二級、三級のそれぞれが一階級繰り上げられて、特級、一級、二級と呼ばれることになりました。ただ、呼称が

変わっただけで、内容が改善されたわけではありません。

むしろこの時の改定においては、改悪ともいえる変更がありました。１９４３年からウイスキー原酒に課せられていた「３年貯蔵以上」、つまり「樽《たる》の中で３年以上熟成させたものでなければならない」という、ウイスキーにとって欠かすことのできないはずの要件が撤廃されてしまったのです。その背景には、外貨不足をはじめとする当時の社会情勢から、模造ウイスキーを認めざるを得ない状況がありました。１９６２年にも酒税法の大改定が行われていますが、ウイスキー原酒が一滴も使用されないウイスキーの存在は、引き続き認められていました。

こうした状況が変わったのは１９６８年になってからのことです。この年に行われた改定の際に、初めて「ウイスキー原酒にアルコール、スピリッツ、焼酎、香味料、色素又は水を加えた酒類で香味、色沢その他の性状がウイスキー原酒に類似するもの」という条項が加えられました。特級が23％以上、一級が13％以上、そして二級ウイスキーであっても７％以上のウイスキー原酒が使用されることになり、ようやく「ウイスキー原酒を使っていないものはウイスキーとは呼べない」という状態になったのです。その後も酒税法は改定されていき、原酒の混和率が変更されたり、１９８９年にはウイスキーの級別制度が廃止されたりするなどして今に至ります。

ウイスキーの級別原酒混和率(%)規格の変遷

年	1949 (昭和24)	1953 (昭和28)	1962 (昭和37)	1968 (昭和43)	1978 (昭和53)	1989 (平成元)
種類	雑酒		ウイスキー類			
品目	ウイスキー					
特級	>30%	>30%	>20%	>23%	>27%	>10%
一級	>5%	>5%	>10%	>13%	>17%	
二級	<5%	<5%	<10%	>7%	>10%	

※1953年までは、特級を一級、一級を二級、二級を三級と呼んでいた

出典:『ビールと酒税』(大河内基夫、Independently published 2022)

ただ、2024年の現在においても、「ウイスキーにアルコール等の混和が認められている」「樽熟成の義務がない」状態であるのは変わりなく、他国のウイスキーに比べて緩い基準になっています。これは、第3章で解説するジャパニーズウイスキーの課題を理解する際のポイントにもなることなので押さえておいてください。

二級ウイスキーの時代とシェア争い

戦後の混乱がある程度収束した1950年頃には、ウイスキーの公定価格が廃止され、自由に販売することができるようになりました。

ここから、価格の安い三級ウイスキー(1

953年からは二級ウイスキー）が売上を伸ばしはじめ、各生産者による熾烈《しれつ》なシェア争いがおこります。戦後に参入した中小の生産者が淘汰され、勝者と敗者が明確に分かれ始めたのです。結果、寿屋（サントリー）、大黒葡萄酒《だいこくぶどうしゅ》（オーシャン）、大日本果汁（ニッカ）が大きなシェアを占めるに至りました。

シェア争いをしている1954年、ニッカウヰスキーは資金不足から朝日麦酒の傘下に入ることになりました。資金が不足するようになったのは、二級ウイスキーであっても品質保持のために原酒の混和率を最大限にすることにこだわったため商品が割高になり、コストと販売数に影響したこと、また、そもそも低価格ウイスキーへの参入が遅かったためシェアの奪い合いに立ち遅れたことも影響しています。二級ウイスキーの時代は、より早く時代の流れを読み、消費者ニーズにフィットさせることができたメーカーが規模をどんどん拡大していったのです。

高度経済成長期には、3社それぞれの名を冠したバーが全国に急増、ウイスキーは大ブームとなりました。この時によく飲まれたのがハイボールであり、猛烈に働く日本人にとってハイボールは明日への活力になっていました。現在でこそサントリーの宣伝により「ハイボール＝おじさん」のイメージはかなり薄くなりましたが、この頃のハイボールはまさに「昭和の働き盛り世代」を象徴するものだったのです。

国産洋酒の保護政策――従量税の「関税」と従価税の「酒税」

1962年の酒税法の大改定の際に、スコッチなどの海外の洋酒から国産洋酒メーカーを守るために、輸入酒の防波堤とも言える二つの仕組みの大きな変更がありました。そしてそれは巨大メーカーが国内市場を寡占する状態を作り出すきっかけにもなったのです。

一つ目の仕組みは、関税で輸入洋酒へ適用される課税方式が、従来の「従価税（商品の価格を基準にして税率を決める課税方式）」から新方式の「従量税（商品の数量を基準にして税率を決める課税方式）」に変更されたというものです。

それまで輸入洋酒は価格に対して課税されていたのですが、この新しい仕組みによって量に対して課税されるようになったのです。輸入洋酒（ウイスキー、ブランデー、ワイン、リキュールなど）に対して、その価格にかかわらず、1リットルあたり数百円の課税を行うことで、価格の安い輸入洋酒から国内の洋酒を守るという意図のある仕組みです。

二つ目は、酒税です。こちらは従来は「従量税」だったのですが、「従価税」が導入されました。単純に言うと、「同じ量の洋酒であっても、高ければ高いほど税金（酒税）が高くなる」ということです。

しかもこの場合の酒税は、港着価格に対してではなく、港着価格と関税額を足した金額に対して課税されるもので、まさに二重課税になっていたのです。国産洋酒は関税がかからず、その分、従価税である酒税も安くなるわけなので、価格の面において輸入洋酒に対してかなり優遇されていたということになります。

この「従量税の関税」と「従価税の酒税」という二段構えによる大きな防波堤が、輸入洋酒から国産洋酒メーカーを強固に守り、国産洋酒メーカーをさらに巨大化させる一因となりました。

輸入ウイスキーと外貨割当制度

そのような保護を受けながら巨大化した国産洋酒メーカーの成長をさらに後押ししたのが、戦後に通産省によって設けられた外貨割当制度です。外貨割当制度は、かつては日本において輸入決済用の外貨が限られていたことをふまえて作られたもので、平たくいうと「通産大臣の許可がないと輸入を行えない」制度です。１９７１年にウイスキーを含む全酒類の輸入が自由化されるまで、ウイスキー原酒の輸入も自由に行うことはできなかったのです。

このウイスキー原酒の輸入枠は、メーカーの販売のシェアに比例して割り当てられたため、販売シェアの高いメーカーがより規模を拡大できるというスパイラルを生み出しました。高いシェアをもつ国産メーカーは大量の輸入ウイスキー原酒が割り当てられることで、輸入ウイスキー原酒をブレンドし、大量のウイスキーを時間をかけずに効率よく商品化、販売をどんどん伸ばすことができたのです。

これは前述した現在のインドにおけるウイスキー産業の状況に酷似しています。ボトリングされた外国産ウイスキーには高い関税をかけて国内のウイスキーメーカーを保護する一方で、インド国内の酒造メーカーはバルクウイスキーを輸入し国産のアルコールをブレンドすることで大量のインディアンウイスキーを製造し、国内で販売しているのです。

世界一売れたウイスキー「ダルマ」

この時期のウイスキーメーカーの急拡大を物語るのがサントリーオールドの隆盛です。ダルマの愛称で知られるサントリーオールドは1950年に国産ウイスキーの最高峰として発売されましたが、当時の日本人にとってはまだまだ高嶺《たかね》の花でした。しかし、1964年に日本初となる東京オリンピックが開催され、高度経済成長の波に乗りはじめると、日本人の高級志向も進んでいったことで、販売を伸ばしていきます。

また1970年代には、料亭や割烹《かっぽう》、寿司《すし》や天ぷらなどの日本料理店への「二本箸《にほんばし》作戦」と呼ばれる一大キャンペーンを展開し、成功を収めます。ちなみに「二本箸作戦」とは、当時のサントリーの東京支社が日本橋《にほんばし》にあったことと、和食に使用する二本の箸にかけて名付けられたそうです。１９７０年に１００万ケース程度であったサントリーオールドの出荷量は、１９７４年に５００万ケースに急増し、１９７８年には１０００万ケース、１９８０年には１２４０万ケース（１億４８８０万本）に達し、世界一の出荷量を誇りました。１９８２年には、国産ウイスキー消費量の75％を占め、サントリーオールドは販売量での頂点を極めます。

しかしその後、日本におけるウイスキーの消費は一気に低下。焼酎ブーム、酎ハイ人気などの影響を受けて、ウイスキーの出荷量は１９８３年をピークに減少の一途をたどりました。そして、２００７年（角ハイボールブームが起こる２００８年の前年）までの20年以上もの間、長いダウントレンドを歩むこととなるのです。

地ウイスキーからジャパニーズウイスキーへ

１９８０年代、サントリーオールドが販売を伸ばす中で台頭しはじめたのが「地ウイスキー」です。もちろん以前から小規模のウイスキー蒸留所は存在していて、サントリーやニッカなどの大手が圧倒的に勢力を拡大する中でも細々と造り続けていたのですが、ウイスキーブームが広がるにつれその存在感を増していきました。現在のクラフトウイスキー蒸留所に

ウイスキーと連続式蒸留焼酎の課税数量の推移

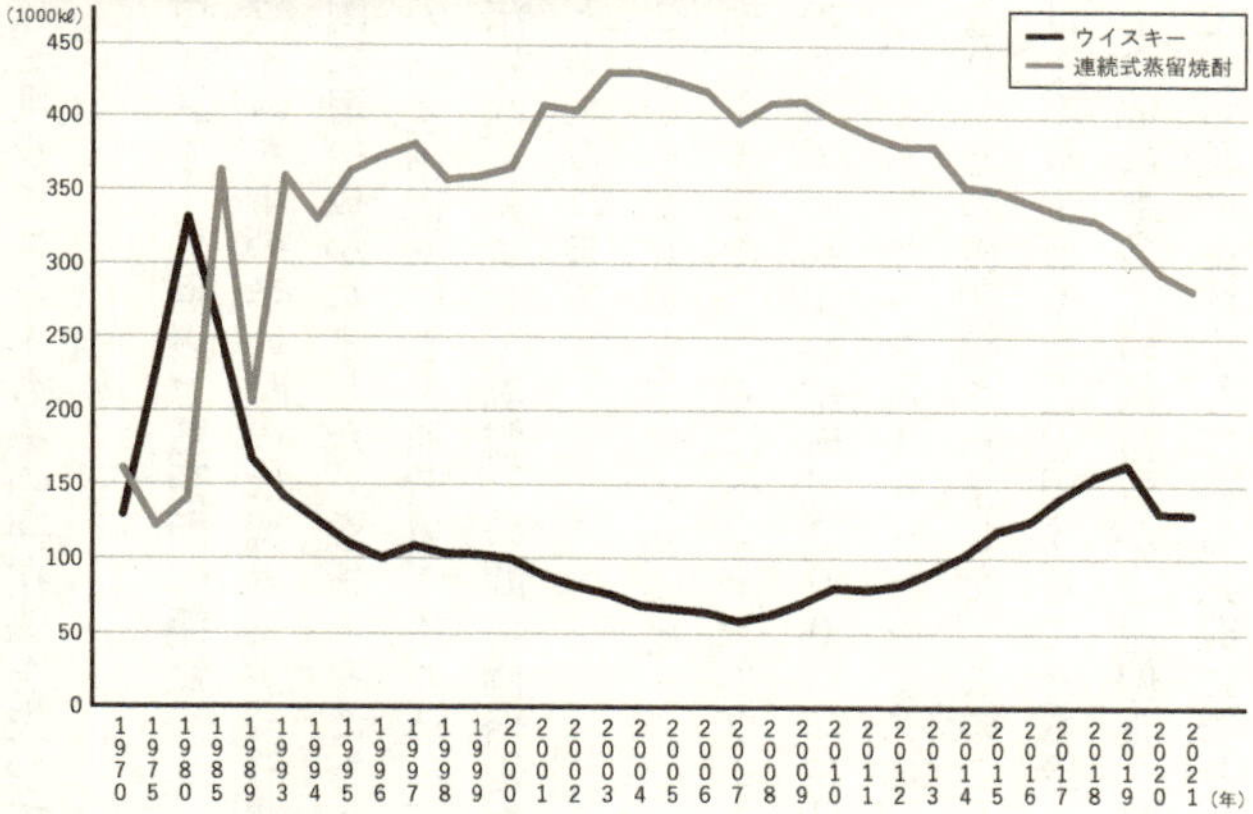

出典：国税庁 酒のしおり（令和5年6月） 8 酒類課税数量の推移（国税局分）

よるジャパニーズウイスキーブームが訪れる30年以上も前に、地ウイスキーブームが起こっていたのです。

ただし、当時の蒸留所は本格的な設備を持っていないところが多く、日本酒造りの延長で仕込んでいるようなところもありました。ノウハウの蓄積もなかったため、ステンレス製の蒸留器で蒸留を行った結果、硫黄《いおう》臭や穀物臭が強くなるなど、品質が低い製品も少なくありませんでした。また、地ウイスキーのほとんどが、アルコールを添加した安価な二級ウイスキーを主力としていましたが、1989年の酒税法改正で級別制度が廃止されたことによって酒税が高くなり、価格面でのメリットがなくなっていきます。1983年以降にはウイスキーの消費自体が凋落《ちょうらく》するとともに、地ウイスキーもその存在感を失っていき、短いブームを終えることになりました。

ウイスキーの低迷と蒸留所の閉鎖

ウイスキーの辛い時代は続きます。消費量は1983年をピークに減少に転じ、その後、焼酎に追い抜かれました。数量でみても1983年度を頂点にして、2008年度はピーク時の約2割程度にまで消費量が落ち込んでいます。この理由には様々ありますが、前述の酒税法の改定によって焼酎との間に価格差が生まれ、安価な焼酎に消費者が流れたことが大きいと考えられます。

ここから2000年代の初頭にかけて、「ウイスキーの低迷時代」となり、蒸留所の閉鎖も相次ぎました。のちにベンチャーウイスキーでカードシリーズとして発売された、東亜酒造のかつての羽生《はにゅう》蒸留所は2000年に閉鎖に追い込まれています。元々はメルシャンが保有し、のちにキリンホールディングス傘下になった軽井沢《かるいざわ》蒸留所も、2000年に生産停止となり、その後閉鎖されました。この二つの蒸留所で造られたものは、その希少性から現在では1本数十万や数百万円することも珍しくありません。

その他にも多くの蒸留所が生産停止、閉鎖の憂き目に遭い、一時は大手ウイスキーメーカーですら製造を休止している状態になりました。そして、この時の空白期間は、後のウイスキーブームの際の原酒不足につながっていきます。若鶴酒造においても2000年代はウイスキーの製造はほとんど行われていませんでした。

ジャパニーズウイスキーブームの到来

日本のウイスキーの消費が減少を続けた一方、2000年代前半に、長きにわたる「低迷時代」の終わりが見えてきました。不況のなかにあってもウイスキー造りへの努力を続けたこと、そして過去に仕込んだ原酒が熟成しつづけたことで、日本のウイスキーのポテンシャルが人知れずあがっていたのです。それが明らかになったのが、海外でのコンペティションにおいてでした。

2001年にニッカのシングルカスク余市10年がワールド・ウイスキー・アワード（WWA）」の前身であるベスト・オブ・ザ・ベストで1位になったのです。そしてそれに続くように、2004年のインターナショナル・スピリッツ・チャレンジ（ISC）ではサントリーの響《ひびき》30年が最高賞である「トロフィー」を受賞。また、2008年のWWAではシングルモルト余市1987がワールド・ベスト・シングルモルトウイスキーになるなど、世界的コンペティションで日本のウイスキーが高い評価を得るようになりました。日本で造られているウイスキー（ジャパニーズウイスキー）への評価が高まっていったとも言える状況です。

そんななか、国内においてもウイスキーのニーズ・関心は高まりを見せていきました。2008年頃からサントリーが飲食店に仕掛けた「ハイボール」作戦が功を奏し、ウイスキーのハイボールが徐々に市民権を獲得していきます。国産ウイスキーの出荷量も久々に上昇に転じました。その後しばらく経ち、2014年にはNHKの連続テレビ小説『マッサン』が放送されたことで、ウイスキーへの関心はさらに高まりました。

こうした様々な要因から、ジャパニーズウイスキーブームが巻き起こるわけですが、ウイスキー生産の現場への影響は大変なものでした。需給バランスが大きく崩れ、酒屋からは熟成年数の記載された日本のウイスキーが消えていき、プレミアム価格で流通するようになりました。また、深刻な原酒不足により出荷制限がかかるだけではなく、多くの商品が終売・休売になっています。そうして、2015年ごろから、日本のウイスキー蒸留所が一気に増加する「クラフトウイスキー蒸留所の繚乱期《りょうらんき》」を迎えることになるのですが、その辺りの経緯は第4章で詳しく解説しましょう。

第3章　ジャパニーズウイスキーの基準とバルクウイスキー

第４章で近年のクラフトウイスキー蒸留所の勃興《ぼっこう》を解説する前に、本章ではジャパニーズウイスキーの「基準」と、その課題について解説します。

第１章でみてきたように日本を除く五大ウイスキーの産地には、それぞれの地域のウイスキーの法定義と生産地に関する規定、熟成期間などの品質に関係する決まりなどがありました。しかし、日本においてはそうではありません。酒税法では、日本国内における「ウイスキー」としての規定があるだけで、世界のなかのウイスキー産地としての「ジャパニーズウイスキー」を規定するものがないのです。

規定がないにもかかわらず、前章に書いたように、ジャパニーズウイスキーのブームが突如訪れました。そして需要が急激に高まる一方で、ジャパニーズウイスキーの基準の整備が立ち遅れたことが、ある事件を引き起こします。２０１６年、鳥取県の酒造メーカーが発売した製品が大きな議論を巻き起こしたのです。後年、一部メディアにおいて〝倉吉《くらよし》事件〟と称されたその出来事が、〝暗黙の了解〟のようなものであったジャパニーズウイスキーと、原料用として表舞台に出ることがなかったバルクウイスキーの関係にスポットライトを当てることになり、結果的には「基準」を整備するきっかけの一つとなりました。

この事件は、同メーカーがウイスキーの製造免許を取得した翌年の２０１６年時点で、ウイスキーにおいて一般的な製造設備とされる銅製のポットスチル等の専用設備を保有しておらず、また他国の基準に照らしてウイスキーの蒸留実績がないにもかかわらず、国内で蒸留、熟成したウイスキーを商品化しているような表記（「倉吉 蒸溜所《じょうりゅうしょ》」という名称や、「Made in NIPPON」など）をラベルや販促物に記載したことが発端となっています。つまり、海外から輸入した原酒（バルクウイスキー）を基に製造したものを、いかにもジャパニーズウイスキーであるような装いで販売したのです。ウイスキー愛好家は、日本で製造されたウイスキーだと信じていたものが、海外の輸入原酒をブレンドし加水してボトリングしただけのものであったと知り、多くの疑問の声を上げることになりました。

これに対し、メーカー側がホームページ上で開き直りともとれるコメント（「自分達だけでなく、他社も同じことをしている」という主旨／現在はページが削除されている）を公開し、火に油を注ぐ結果となります。そのような企業としての対応に問題があったことは否めませんが、ここで留意すべきなのは、この一連の出来事において当該メーカーは、法律上（少なくとも、ウイスキーの製法を規定する酒税法上）は非があるわけではなかったということです。これは一つの企業によって起こされた問題というよりは、日本のウイスキー業界がその始まりから内包してきた課題や、法律的な問題が表面化したものだったと言えるのです。

日本の酒税法における「ウイスキー」

こうした課題や問題はいずれも、日本においてはウイスキーにまつわる規定・基準が不明確であることから生まれています。第２章で解説した日本のウイスキー百年史を振り返ると、そもそも日本のウイスキーは模造ウイスキーからスタートしたものでした。模造ウイスキーはブレンド用アルコールをウイスキー原酒に混ぜたものですが、戦後には三級ウイスキーのように、ウイスキー原酒を一切使っていない模造品も認められていた経緯があります。また、前述の事件で取り沙汰されたような、他国で造られた輸入原酒を国産として使用することに対しても、明確な規定のないままです。

日本の酒税法は、１９８９年に現在の形に改定されていますが、その内容は税率の部分に重点が置かれています。製法や、品質など、議論になるような点に関連した改定はありませんでした。また1990年代から2000年代にかけてはウイスキーの消費が急速に落ち込み、業界全体が青息吐息の状態だったこともあり、そもそも基準が必要とされるような状況でもありませんでした。そうして今に至り、ルール面での整備が追いつかないままジャパニーズウイスキーブームが突発的に起こったことが、前述の事件に象徴されるゆがみの露呈に繋《つな》がったというわけです。

では他の主要なウイスキー生産地ではどうなっているのでしょうか。例えばイギリスではラベルの表記について、スコッチ法による決まりがあることに加え、スコッチウイスキー協会によって審査がされています。熟成年数や蒸留所名の表記について、消費者が誤解するような記述がないように、一つひとつ厳しくチェックが行われているのです。また、輸出に関しても厳しいルールが課せられていますし、他国でスコッチウイスキーを模倣した製品が出回っていないかを常に監視しています。注意喚起だけでなく、時には訴訟も辞さない姿勢をもって、ブランドを守るために徹底した管理を行っているのです。

一方、日本の酒税法では、ウイスキーの原料と製造方法に関する極めて基本的な記述しかなく、前述の模造ウイスキー時代からの流れを払しょくできるものにはなっていません。加えて製造設備等の規定も、製造地に関する規定もありません。そのため、焼酎《しょうちゅう》の製造用に用いる設備に手を加えただけで、ウイスキー製造の要件を満たすことができてしまうのです。

現在の酒税法上においては何をもって国産ウイスキーとするかという条件の整理もされていないことから、他の設備を流用して製造免許を取得し、輸入原酒に加水のみを行い、そのまま瓶に詰めて〝ジャパニーズウイスキー〟として販売できるのです。

以下は日本の酒税法におけるウイスキーの定義です。

酒税法　第一章　総則　第三条

イ　発芽させた穀類及び水を原料として糖化させて、発酵させたアルコール含有物を蒸留したもの（当該アルコール含有物の蒸留の際の留出時のアルコール分が95度未満のものに限る）

ロ　発芽させた穀類及び水によって穀類を糖化させて、発酵させたアルコール含有物を蒸留したもの（当該アルコール含有物の蒸留の際の留出時のアルコール分が95度未満のものに限る）

ハ　イ又はロに掲げる酒類にアルコール、スピリッツ、香味料、色素又は水を加えたもの（イ又はロに掲げる酒類のアルコール分の総量がアルコール、スピリッツ又は香味料を加えた後の酒類のアルコール分の総量の100分の10以上のものに限る）

「イ」と「ロ」はそれぞれ、スコッチウイスキーでいうところの「モルトウイスキー」と「グレーンウイスキー」を指しますが、ウイスキーにとって重要であるはずの樽《たる》熟成の規定はありません。

「ハ」はもっとも重大な問題で、モルトウイスキーかグレーンウイスキーが10％でも入っていれば、あとはそのほかのスピリッツ、例えばラムやジンや純粋なアルコールを加えてもウイスキーになってしまうのです。これは、日本のウイスキーが模造品から始まったことに端を発する記述であり、時代によって原酒の最低比率は変わりながらも長く残されてきたものです。90％が別の酒類で構成されていてもウイスキーと呼べてしまう国は日本以外にはほとんどありません。繰り返しになりますが、スコットランドやアメリカなどの主要ウイスキー生産国と比べて非常に緩い規定になっているのです。

定義を見ていただければわかるように、生産地域や製造工程についての規定もありません。そのため、極端なことを言えば「海外から輸入した原酒（バルクウイスキー）を国内でそのままブレンドして、ボトリングし、ジャパニーズウイスキーとしてリリースする」ことも、法律上は問題のない行為になるのです。

定義が曖昧なままになった歴史的な必然性

産業の黎明《れいめい》期においては、緩やかな規定にしておくことで産業を育て、徐々に品質確保へとシフトし、基準を段階的に厳しくしていくというやり方も有効であるとは言えます。事実、日本独自の環境の中で、各社は長きにわたり様々な融通をきかせながら工夫してウイスキー造りを行ってきました。

ウイスキー事業は熟成期間が長く、設備投資金額も膨大で、キャッシュフローが悪いビジネスです。安定した生産体制や需要が確立されていなかった日本においては、輸入原酒（バルクウイスキー）を活用することも、先の読めない需給の変動に対応するためになくてはならないパーツの一つだったといえます。それは新興蒸留所においてはなおさらです。熟成期間を経て出荷できるのが数年先で、しかも生産数量も限られるという状況においては、日々ウイスキーを仕込みながらも売上を立てて事業を回していくためには、輸入原酒の果たす役割は大きいものでした。

こうした現状は、長くウイスキー製造に携わっている人には公然の事実として知られており、業界においては暗黙のうちに認められてきたことでした。むしろ２０００年代まで日本のウイスキーは国内外からブランド価値が低いと認識されていたので、1980年代の地ウイスキーブームの頃には、原酒としてスコッチウイスキーがブレンドされていることがステイタスになっていたくらいです。

そのような時代を経て、90年代には徐々にウイスキーの消費は減少し、ウイスキーを飲む層が縮小していきますが、2015年以降のジャパニーズウイスキーブームが起こるまでの低迷時代の間、各社はウイスキー需要回復のために様々な手を打ちました。今は当たり前になったハイボールもその戦略の一つです。また、スコッチウイスキーにおいては、大手メーカーが販売の主力をブレンデッドウイスキーからシングルモルトに移すように販売戦略を転換したことで、モルトウイスキーが大きな注目を集めるようになりました。その影響を受け、2000年代以降の日本のウイスキーもまた、シングルモルトやモルトを主体としたウイスキーへの転換が行われ、蒸留所や製法にフォーカスしたプロモーションが行われるようになっていきます。

この時期に初めてウイスキーを飲むようになった多くの人々は、過去の日本のウイスキーの歴史からは分断されているといえます。つまり、日本のウイスキーが高い評価を受けるようになってから初めてウイスキーを知った世代です。各社のウイスキーの宣伝においても海外原酒に触れられることは基本的になく、日本のウイスキーの品質の高さや造りの精巧さ、あるいは日本の四季がもたらす熟成環境がフィーチャーされていました。この時期に飲み始めた人たちが、日本のウイスキーは純粋にすべて日本で生産されているものだというイメージを抱いても不思議ではありません。

長きにわたる低迷からの、突然のジャパニーズウイスキーのブーム。過去のままの規定。そして、ブームを崩壊させることへの恐れ。そのような背景のもと、各社はバルクウイスキーという歴史に蓋《ふた》をしたまま、ウイスキーの販売を続けてきました。そのような中で起きたのが「倉吉事件」だったのです。

バルクウイスキーとは何か

そもそも「バルクウイスキー」とは一体何なのでしょうか。

バルクウイスキーは食品の業務用原料と同様に、一般消費者の目に触れるものではないため、なじみがない人がほとんどだと思います。もしかしたら「正体不明の粗悪で安い原料用のウイスキーなのでは」などといったイメージを抱かれる方もいるかもしれませんが、そのようなことはなく、むしろ大量に製造されるため品質としては安定しています。とはいえ、その実態がわからないものに対して不安を覚えるのは当然のことだと思いますので、まずはバルクウイスキーとは何なのかを解説しておきましょう。

現在、世界に流通しているバルクウイスキーは、専門の業者や複数の蒸留所を所有している生産者が、様々な蒸留所から原酒を買い付けたり自社の原酒をブレンドしたりして製造し、原料用のウイスキーとして販売しているものです。

生産国としては、スコットランド、アイルランド、アメリカやカナダなどの主要なウイスキーの生産国はもちろんのこと、最近では蒸留所の世界的な増加に伴って、スペインやスロバキアなどでも生産されるようになっているようです。様々な国で生産されているバルクウイスキーですが、コストと品質と供給量という点において競争力のあるスコッチウイスキーが圧倒的なシェアをもっています。

スコットランドでは、かつてはシングルモルトの原酒をそのまま出荷していましたが、2012年にスコッチ法が改正され、シングルモルトは瓶詰めした状態での輸出しか認められなくなりました。そのため、バルクウイスキーは、ブレンデッドモルトウイスキーかグレーンウイスキーもしくはブレンデッドウイスキーとしての輸出のみ可能になっています。複数の蒸留所のものがブレンドされていますが、どのような蒸留所で製造されているかは公にはされていません。

かつては樽に入った状態のまま輸出され、日本の蒸留所ではその原酒を使用したあとは、その空き樽を使ってウイスキーを熟成することがあったようです。現在は輸送中に樽から漏れるリスクが考慮され、２００リットルのプラスチックドラムか、１０００リットルのＩＢＣコンテナ（中型バルクコンテナ）、２万６０００リットルのＩＳＯタンクコンテナなどが利用されています。

こうして製造・販売されるバルクウイスキーは、スコットランドでも広く使われていますし、日本はもちろん、インドやタイ、ブータンでもウイスキーの原料として用いられています。

なお、シングルモルトのバルクウイスキーをスコットランドから輸入するのは不可能かというと、実は方法があり、３年間の熟成を経ていないものであれば、ウイスキーではなく「スピリッツ」として輸入が可能です。「モルトウイスキーイヤーブック」によると、ニッカウヰスキーがスコットランドで所有するベン・ネヴィス蒸留所は、その生産量の大半を日本向けの原酒製造に割いており、ニューメイクウイスキー（蒸留したてのウイスキーの原液）の状態で日本に持ち込まれて、日本で熟成されていることが記載されています。

バルクウイスキーにも種類がある

ブレンデッドモルトウイスキーのバルクウイスキーは、３年熟成の若いものから、30年近い長期熟成年数のものまでが存在しています。樽の傾向としては、バーボン樽を何度も使用した癖のないスタンダードなタイプが中心です。数は限られますがシェリーカスク（シェリー樽）で熟成した甘やかなものもあります。ピートの強弱もヘビーリーピーテッドの非常にスモーキーなタイプから、ピートを使わない一般的なノンピートタイプまでバリエーション豊かにそろっています。

味としては、ブレンデッド用の蒸留所の原酒が組み合わされているおかげか非常に安定的で、クオリティも高く、価格もリーズナブルです。長期熟成のものについてはスコットランドの寒冷な環境で熟成されているため、樽由来の要素が日本のものほど出過ぎず、味も滑らかなものに仕上がっています。共通しているのは原料用ということで、基本的には癖の少ない無難な仕上がりのものが多く、ブレンドの下支えとなるような原酒が多い印象です。

取引業者に熟成年数や味のタイプなどをリクエストするとサンプルが送られてくるので、その中から選択して購入をするというのが基本的な流れになります。

グレーンウイスキーやブレンデッドウイスキーにおいても同様であり、ニュートラルなスコッチタイプのグレーンや、バーボンウイスキーのようなヘビータイプもあります。特に日

200リットルのプラスチックドラム

1000リットルのIBCコンテナ（中型バルクコンテナ／Intermediate Bulk Containers）

2万6000リットルのISOタンクコンテナ（ISO規格に則り設計、製造され、複合一貫輸送ができる液体輸送容器）

本国内では大規模にグレーンウイスキーを製造している事業者が大手メーカーのみに限られており、それらは外に供給されることがないため、クラフトウイスキー蒸留所がブレンデッドウイスキーを作る際に必要なグレーンウイスキーの調達は、輸入に頼らざるを得ないのが現状です。大手メーカーにおいても急増するウイスキー需要に応えるためグレーンウイスキーを輸入で賄っているところも多く、バルクウイスキーは日本のウイスキー製造に欠かせないものになっているのです。

ジャパニーズウイスキーの基準の決定

バルクウイスキーが日本のウイスキー産業を支え、その恩恵のもとに日本のウイスキー産業が成長してきたことは、変えようがない事実としてあります。一方で、ジャパニーズウイスキーの需要が急増するに従い、「ウイスキー製造免許さえあれば、バルクウイスキーを使った製品を自由に商品化できる」ことと、「酒税法等のルールの緩さから、産地誤認になりかねない事例が出てきた」ことは、業界の中でも大きな議論を呼ぶことになりました。

産地誤認になりかねない事例としては、先述の「倉吉事件」が大きく注目されましたが、それ以外にも他の酒類メーカーにおいて同様の事例が発生しています。中にはウイスキーではない酒類、例えば樽熟成した焼酎を海外にウイスキーとして輸出・販売するケースもありました。事実、海外においては、日本で全く知られていない「日本産」のウイスキーが溢《あふ》れています。そのような状況のなかで、「このままでは、１９８０年代の冬の時代を乗り越えて、やっと育ってきた日本のウイスキーのブランド価値を損ねかねない」と危惧《きぐ》する声が上がるようになったのです。

こうした懸念に対して、既存のウイスキーメーカーのなかで全く動きがなかったわけではありません。大手からクラフトまで、国内で洋酒の製造販売等を行うほぼ全てのメーカーが加盟する日本洋酒酒造組合では、確立しつつあるジャパニーズウイスキーブランドを守り、さらに高めるべく、「ジャパニーズウイスキーの基準に関するワーキンググループ」を２０１６年に発足。ワーキンググループはサントリーホールディングス、アサヒビール、麒麟《きりん》麦酒に加え、本坊《ほんぼう》酒造、ベンチャーウイスキーら、日本のウイスキー産業において大手、あるいは中核的な存在の企業で構成されました。そして、４年以上の話し合いを行い、２０２１年2月16日にその内容が「ウイスキーにおけるジャパニーズウイスキーの表示に関する基準」として発表されます。

この基準は日本語版だけでなく英語版でも作成・公表され、国内外の有識者やウイスキーメーカーから高い関心と注目を集めました。特に、ジャパニーズウイスキーと表記するものの基準は、おおむねスコッチウイスキーの基準に倣っており、その基準に照らした場合、大手メーカーの既存のブランドにもメスを入れるものであり、意欲的な試みであるという評価がされました。

一方で、同基準においては、その準備期間として約3年間の経過措置があるものの、少なくとも3年以上の時間を熟成に要するウイスキー製造において最低限の期間しか確保されておらず、大手や先行する企業以外の、これからブランドを立ち上げる新興メーカーにとっては厳しい規制となりました。ワーキンググループ外の一部の組合員からは、その議論の過程や経緯について透明性を求める声もありました。例えば、ガイアフロー静岡蒸溜所の中村《なかむら》大《たい》航《こう》氏は、ブログにおいて基準には賛同の意向を示したうえで、議論の詳細が発表されるまで一切非公開で、組合員であってもその過程を知ることはできない状態だったということを述べられています。

基準が作られたことの「意義」と「課題」

「ウイスキーにおけるジャパニーズウイスキーの表示に関する基準」の内容は、日本洋酒酒造組合のホームページ（https://www.yoshu.or.jp/pages/121/）で、日本語版、英語版が公開されています。原文はそちらを参照していただくとして、基準のなかに記載されている重要な要件をまとめると次のようになります。

・モルトウイスキー・グレーンウイスキー、どちらも日本の蒸留所で糖化、発酵、蒸留、熟成を行ったもの。麦芽は必ず使うこと。

・水は日本国内で採水されたもの。熟成については木製樽（700リットル以下）を用いて日本国内で3年以上とする。

・ボトリングは日本国内で行い、度数は40％以上とする。

これにより産地と蒸留所での製法についての規定が明確になり、原材料で「麦芽は必ず使」わなければならなくなったことで、麹《こうじ》を使って糖化・発酵をさせる樽熟成焼酎はジャパニーズウイスキーではなくなりました。また、バルクウイスキーを用いて造られる名ばかりのジャパニーズウイスキーや、アルコールなどを混和するウイスキーもジャパニーズウイスキーから排除されることとなります。

表記については「ジャパニーズウイスキー」で統一されました。また、要件を満たしていない場合は、日本の地名や日本人名などの日本を想起させるものを表示してはいけないということも規定されました（ただし、ホームページ等に海外原酒を使用している旨を告知すれば表示してもいいといった柔軟性もあります)。

業界の大部分を占める大手メーカーがこのような基準に合意したのは驚くべきことですし、明確な基準ができたこと自体、画期的です。その一方で「自主基準」であるため、組合に属さない企業には拘束力をもたず、世界に対してこの基準を遵守しているメーカーがどこなのかを伝えきれていないという課題があります。また、大規模資本を必要とする国産グレーンウイスキー蒸留所を大手メーカーのみが保有していることで、事実上ブレンデッドジャパニーズウイスキーの製造が特定のメーカーに寡占される恐れがあることも課題として残ります。

さらに言えば、この基準は、日本において製造されるすべてのウイスキーのルールというわけではなく、あくまでも「ジャパニーズウイスキー」という特定のカテゴリを示すための基準であることにも留意する必要があるでしょう。

私見としては「ジャパニーズウイスキーの表示に関する基準」は、これからの日本のウイスキーの未来を形作るうえで非常に意義深いものです。しかしながら、基準を決めたことをゴールにするのではなく、未来へのスタートと捉《とら》えるべきとも考えています。今後どのように基準を運用していくか、日本のウイスキーの産業をいかに発展させ、他国のウイスキー産業と競争していくかを議論し、実行していく必要があります。そしてそれは、特定のメーカーだけではなく、多くの関係者を巻き込みながら、真剣に考えるべきことだと思っています。

以上のような課題感や提言を、「ジャパニーズウイスキーの基準に対する三郎丸蒸留所の方針と提案」としてまとめ、ホームページで公開（2021年2月19日）したところ、大きな反響を呼びました。なかでも、ブレンデッドウイスキー製造に欠かせないグレーンウイスキーの供給の問題への提言と、ブレンドに味の幅をもたせるための原酒交換の呼びかけには、日本の新しいウイスキーの可能性を拓《ひら》くものとして、ウイスキーファンから期待が寄せられました。

スコットランドでは伝統的に蒸留所同士の原酒交換が行われているので、自社で製造できないタイプのウイスキーを入手することができます。また、ブレンデッドウイスキーの製造に欠かせないグレーンウイスキーは、複数の大規模な蒸留所で造られ、小さな事業者にまで安定的に供給されています。特定企業で産業を寡占するのではなく、製麦工場や樽工場、はては熟成庫まで関係企業がファシリティを共有することで、大きな産業として一体となって成長してきたのです。

内需が限られていた英国では国内のシェアを奪い合うのではなく、ウイスキーを外貨獲得の産業として伸長させることに力を入れ、ブランディングすることで世界市場を開拓してきた歴史があります。ジョニーウォーカーやバランタイン、シーバスリーガルなどスコットランドの名だたるブレンデッドウイスキーは、数十の蒸留所の原酒がブレンドされているからこそ多量かつ安定的に供給が可能です。これにより、世界中の需要を満たすことができ、皆に愛されるブランドとなっているわけです。そして、確固とした需要があるからこそ、スコットランドには個性ある原酒を生み出す蒸留所が１００か所以上も存続し、その多様性が大きな魅力となっています。

日本が本当の意味で世界的なウイスキーの産地となるためには、国内の供給だけを意識し、シェア争いをしてきた従来の産業構造から脱却する必要があります。個々の企業があらゆる設備や機能を保有し、自社の利益だけを追求するのではなく、スコットランドのように様々な設備や機能をシェアすることで、日本全体でウイスキーを産業として成長させていくことが求められているのです。そのためには、グレーンウイスキー供給の問題や、大麦の生産・製麦・酵母・ウイスキー製造のノウハウの共有、樽づくり、熟成庫、マーケティング、ＰＲ、ブランディング、輸出、法整備などなど……課題は山積しています。

一時のブームに浮かれて、自身の力を過信するのではなく、協力し合い、お互いに高めあっていくことが、日本のウイスキー産業のさらなる発展につながるのではないでしょうか。

日本で初めて原酒交換によるウイスキーを製品化

日本での原酒交換への取っ掛かりとして、三郎丸蒸留所と長濱《ながはま》蒸溜所（滋賀県）との原酒交換によるウイスキーの製品化を進め、２０２１年3月に発売しました。双方のブレンダーがそれぞれの蒸留所に訪問し、原酒をセレクトするところから始まり、それぞれで「FAR EAST OF PEAT FIRST BATCH」（三郎丸蒸留所）、「INAZUMA」（長濱蒸溜所）として製品化したのです。過去には桶《おけ》買いのような形で他の蒸留所の原酒を購入して製品化が行われたことはあったと思いますが、双方の蒸留所が原酒交換を明示的に行い、それぞれの蒸留所から製品を発売するのは日本で初めてのことになりました。反響は大きく、日本初の原酒交換による蒸留所同士のコラボレーションとして話題になっています。

実は私は「ジャパニーズウイスキーの表示に関する基準」が発表されるより以前、蒸留所を再興したあとの２０１７年から、スコットランドで行われているような原酒交換をするプランを持っていました。そのため、蒸留所訪問や情報交換など、他の蒸留所と積極的に交流していました。一ブレンダーとして、一つの蒸留所でできる酒質の幅はどうしても限られたものにならざるを得ないと気づいたからです。当時は前述のように、ワーキンググループ内でのみジャパニーズウイスキーの基準が議論されており、それがどのようなものになるかはわかりませんでしたが、いずれにせよ、日本の蒸留所がお互いに協力し合い、製品づくりを行うことがウイスキーファンの獲得や品質向上につながると信じ、準備を進めていたのです。

そんな活動を続けるなか、ジャパニーズウイスキーの基準が２０２１年2月に急転直下で発表されます。これを受け、今こそ日本初のクラフトウイスキー蒸留所同士の原酒交換を行い製品化することが、日本のウイスキーに多様性と可能性をもたらす第一歩となると思い、翌月の３月には形にして発表したというわけです。

その後、同年4月にはワーキンググループの本坊酒造とベンチャーウイスキーによるコラボレーションが発表されます。また、２０２３年にはジャパニーズウイスキー百周年の記念事業として、ワーキンググループの5社によるブレンデッドウイスキーの発表がありました。私たちが始めた原酒交換によるウイスキーの製品化は、日本のウイスキーに多様性をもたらすものとして広がりつつあるのです。

第４章　クラフトウイスキーとは？　注目のクラフトウイスキー蒸留所

近年、クラフトウイスキー蒸留所が急増し、日本で盛り上がりを見せています。これらの蒸留所は簡単に言えば、自前で本格的なウイスキーの製造設備を保有し、それぞれの地域に根付いて独自のウイスキーを原酒から造ろうと志す蒸留所のことです。

クラフトウイスキー蒸留所が成長することで日本のウイスキーに多様性がもたらされ、地域の活性化にも大きな役割を果たすことが期待されています。本章でクラフトウイスキーとは何か、そして日本にどんなクラフトウイスキー蒸留所があるのかを見ていきます。

みなさんはクラフトという言葉にどんなイメージをもっていますか？　英語のクラフト（craft）は「手工業」や「職人的技術」「技能」といった意味なので、クラフトウイスキーと聞けば、なんとなく小規模の設備で職人的な製造者によって造られるものというイメージを持たれるかもしれません。

もともと「クラフト」のムーブメントは、１９６０年代中頃にアメリカの西海岸で始まっています。それが１９８０年代に本格化し、アメリカにおいてはクラフトビールのブームが拡がり、その流れが日本にもたらされました。

クラフトには「熟練」や「高品質」といったイメージが伴うようになり、２０００年代からは大手メーカーでも製品名にクラフトという文字を使うなど、一般的な名称として認知されるようになりました（「クラフトブルワリー」や「マイクロブルワリー」といった言葉での分類が試みられたのは『ニューブルワー』誌の１９８７年３～４月号が最初とされています）。

アメリカにおけるクラフトビールの定義にも様々な紆余《うよ》曲折がありましたが、「小規模であること」「独立していること」「伝統的な造りをしていること」という三つの要素を兼ね備えたものとされています。

日本においては明確な定義はありませんが、従来製品と差別化し、高付加価値商品として販売するための枕詞として用いられています。

地ウイスキー≠クラフトウイスキー？

日本において「クラフトビール」という呼称は、2000年代後半から、従来の「地ビール」を言い換えるものとして用いられるようになりました。

そもそも日本で「地ビール」が生まれたのは、1994年にビールの醸造免許に関わる最低製造数量基準（製造量の下限）が、2000キロリットルから60キロリットルに緩和されたことがきっかけです。それまで大手メーカーしか参入できなかったビール製造の機会が開放されたともいえます。ただし、その盛り上がりは長くは続きませんでした。わずか5年ほどの間に、地域おこしのために全国に300以上もの醸造所が乱立。値段の割に品質が伴わないビールが増えたこともあり、ブームは一気に収束してしまいます。

しかし、2000年代にアメリカのクラフトビールブームの余波を受け、地ビールブームが収束したあとも生き残っていた一部の生産者と、専門的な研鑽《けんさん》を積んだ新たな造り手が、本格的で特色ある造りを実践するようになります。そうして実力ある醸造所が台頭してきたことで、日本でも「クラフトビール」ブームが勃興しました。従来の〝おみやげ品〟としての「地ビール」から脱却し、本格的で工芸としての品質を高めるものとして「クラフトビール」という言葉が用いられるようになったのです。

こうした経緯は、ウイスキーにおいて1980年代に「地ウイスキー」ブームが収束し、2010年代からブームが再燃した姿に重なります（第2章参照）。ただし、クラフトウイスキーのほうは、クラフトビールとその始まり方が異なっています。

ウイスキー文化研究所の土屋守先生によると、実はクラフトウイスキー、クラフトウイスキー蒸留所という言葉が使われはじめたのは２０１３年以降のことで、それ以前はマイクロ蒸留所、マイクロディスティラリーと呼ばれていました。そして、ウイスキーにおいてクラフトという言葉が使われる発端は、スコットランドにあったということです。

当時、スコッチには容量２０００リットル以下のポットスチルを認めないという不文律が存在し、小規模のクラフトウイスキー蒸留所の参入を阻んでいました。しかし、２０１０年に「スコッチ・クラフト・ディスティラリー・アソシエーション」が組織され、ロビー活動を続けたことで、２０１２年に２０００リットルの規制が撤廃されます。そして翌13年から続々とスコットランドにクラフトウイスキー蒸留所が誕生し、その波は全世界に波及していったのです。

日本における小規模ウイスキー蒸留所のさきがけは、２００７年に創業した、ベンチャーウイスキーの秩父蒸溜所《ちちぶじょうりゅうじょ》です。当時は日本のウイスキーはどん底の時代であり、大手メーカーですら苦しい状況でした。ウイスキー事業はキャッシュフローが悪く、膨大な初期投資が必要で、大規模資本しか参入できないと思われていたため、無謀な挑戦ともいわれました。

しかしそのような声に反して、そこからのウイスキーの人気の高まりのなかで大成功を収めます。

この秩父蒸溜所の成功こそが、その後にクラフトウイスキー蒸留所が相次ぎ設立されることにつながりました。2011年には本坊酒造が19年間休止していた駒ヶ岳《こまがたけ》蒸溜所でのウイスキー製造を再開しています。

蒸留所の新たな設立には、用地の選定から免許交付まで少なくとも5年はかかります。そのため、構想から新しいウイスキー蒸留所の設立までは少しタイムラグがあり、日本での〝勃興〟の動きが表面化したのは2015～16年頃のことです。このときに設立されたのが厚岸《あっけし》蒸溜所やマルス津貫《つぬき》蒸溜所、ガイアフロー静岡蒸溜所などです。

また、私が三郎丸蒸留所に戻ってきたのもちょうど2015年のことです。第2部で詳しく紹介しますが、蒸留所復興のため2016年9月から開始したクラウドファンディングにおいても「北陸初の見学可能な蒸留所をつくり富山のクラフトウイスキーを世界に愛されるウイスキーへ！」という目標を掲げています。当時ではすでにクラフトウイスキーという言葉が日本の生産者の間で一般的になっていたことが思い出されます。

クラフトウイスキーとは何か

では「クラフトウイスキー」は、従来の「地ウイスキー」を言い換えたものにすぎないのでしょうか？　私は「地ウイスキー」と「クラフトウイスキー」は明確に違うものだと考えています。その違いは理念の有無です。つまり、「どんなウイスキーを造りたいかが明確に意識」できていて、「その実現に向かって有形無形いずれかの形で努力を続けている」かどうかが、かつての地ウイスキーからの脱却のポイントになっていると思うからです。

地ウイスキーはブームに乗る形で、ただ売るために、ウイスキーであればなんでも良しとされ造られていたように感じます。そこに理念はなく、仕込みも漫然と行われていたのです。それらとは違い、ここでいうクラフトウイスキー蒸留所は、まず「どんなウイスキーを作りたいか」を明確にします。そのうえで、一時のブームとしてではなく、文化として根付かせるためにたゆまぬ努力を続けていかなければなりません。

最近ではクラフトウイスキーを標榜《ひょうぼう》しながら、地ウイスキーのような造り方をしているウイスキー蒸留所が増えてきていることも事実です。地ウイスキーの二の舞にならないように、品質を担保しつつ多様性をもちながら発展していくためには、蒸留所同士の技術交流やウイスキーファンの開拓に向けた連携が必要です。

クラフトウイスキー蒸留所のなかには、本坊酒造やベンチャーウイスキーをはじめ、世界的な販路をもち、製造規模も大きな「メガクラフト」に成長したメーカーも現れています。しかし、スコッチ産業に比べると、日本のウイスキーは規模、歴史ともにまだまだ遠く及びません。

サントリー、ニッカ、キリンなどの大手メーカー、そしてメガクラフト、クラフトウイスキー蒸留所たちが連携し、ジャパニーズウイスキーのブランド化を図っていくことが、日本のウイスキーが次の１００年を迎えるために必要ではないでしょうか。

ウイスキー蒸留所にはどんなところがある？

日本にはどのようなウイスキー蒸留所があるかを紹介しましょう。といっても、これも一口では解説できない状況です。

ウイスキーブームにより、様々な業態からの参入が相次ぎ、蒸留所が増加しています。私が三郎丸蒸留所に戻ってきた２０１５年当時、日本にウイスキー蒸留所は約10か所しかなかったのが、２０２４年現在では90か所を超えており、計画中のものも含めると１００か所を超えるといわれています。

そんな中で、前述のようにクラフトウイスキー蒸留所から大きく成長するメーカーが出てきたり、海外の大手メーカーから出資を受けたりするメーカーも現れてきました。また、海外資本が日本に大規模なウイスキー蒸留所を建設する動きもあります。様々なタイプの蒸留所が生まれているため、従来のように「大手ウイスキー蒸留所」があり、「それ以外をクラフトウイスキー蒸留所とする」といった区分けでは、業界の実態が捉《とら》えにくくなっているのです。

まず、比較的わかりやすい「規模」で蒸留所を区分してみると、次のようになります。

大手ウイスキーメーカー：大手酒類メーカーが運営する蒸留所
↓サントリー、ニッカ、キリン

メガクラフト：製造規模が一仕込1トン以上の複数の蒸留所を所有または一仕込2トン以上の蒸留所
↓本坊酒造、ベンチャーウイスキー、木内《きうち》酒造、サクラオB&Dなど

クラフトウイスキー蒸留所：右記以外の、大手メーカーから資本的に独立している小規模な蒸留所

↓江井ヶ嶋酒造、笹《ささ》の川《かわ》酒造、ガイアフローなど多数

また「規模」ではなく、その「歴史」に着目してみてもいいでしょう。クラフトウイスキーの蒸留所は、いくつかの世代に分けて考えることができます。

・地ウイスキー世代：戦後～1980年代

ウイスキーを専業としない日本酒や焼酎《しょうちゅう》などの酒類製造業者が、主に二級ウイスキーを地方で造っていた時代です。当時はまだ本格的な設備やノウハウが知られておらず、一部では焼酎や日本酒の延長でウイスキーが造られていました。一部の蒸留所ではウイスキーブームとなった2010年代から設備投資を再開し、本格的なウイスキーを造る体制を整えています。

↓本坊酒造、若鶴酒造、江井ヶ嶋酒造、笹の川酒造、サクラオB&Dなど

・第一世代クラフトウイスキー：2008年から2017年

2008年の秩父蒸溜所を嚆矢《こうし》として、当初からシングルモルトを製造することを目的に本格的な設備を導入し新設された蒸留所です。製造設備はスコットランド製や三宅《みやけ》製作所製が多く、どちらかというと造りはスタンダードであり、規模は中小規模が多い印象です。こ

こから酒類製造者以外の異業種参入も始まりました。
↓ベンチャーウイスキー、ガイアフロー静岡蒸溜所、嘉之助蒸溜所、遊佐《ゆざ》蒸溜所など

・第二世代クラフトウイスキー：２０１９年後半から現在（２０２４年）
ウイスキーブームが本格化し、様々な業種業態や外資からの参入が相次ぎます。製造設備も、アメリカ製やドイツ、イタリア、中国製など様々で、造りにおいても自家製麦のみの使用やグレーンに特化して製造する蒸溜所など、多様化しています。製造規模も、大きいところから一仕込でひと樽《たる》に満たないような極端に小さい蒸留所までであります。

↓尾鈴山蒸留所、新潟亀田《かめだ》蒸留所、飛騨《ひだ》高山《たかやま》蒸溜所、小諸《こもろ》蒸留所、野沢温泉《のざわおんせん》蒸留所、神戸《こうべ》蒸溜所など多数

注目のクラフトウイスキー蒸留所

以下では、数あるクラフトウイスキー蒸留所の中から歴史的に重要であったり、際立った特色をもっていたりする蒸留所をいくつかピックアップして紹介します。

ベンチャーウイスキー――「世界のイチローズモルト」でクラフトの草分け的な存在に

・秩父蒸溜所（２００７）
・秩父第二蒸溜所（２０１９）
・苫小牧《とまこまい》グレーンウイスキー蒸溜所（仮称）

秩父蒸溜所はベンチャーウイスキーの肥土《あくと》伊知郎《いちろう》氏により２００７年に開設。まさに、日本のウイスキーの低迷期に操業を開始しています。もともと肥土氏の実家は埼玉県羽生市の東亜酒造で、祖父の代からウイスキー造りをしてきました。大学卒業後はサントリーで営業職に従事し、その後、家業に入りましたが、ウイスキー不況のなかで会社は営業譲渡。そのとき廃棄処分になるはずであったウイスキーを福島県の笹の川酒造に引き取ってもらい、その原酒を販売するため、２００４年にベンチャーウイスキーを立ち上げました。

しかし、残された原酒を販売しているだけでは未来にウイスキーを繋《つな》げることができないとの思いから、日本のウイスキーがどん底にあったなかで秩父蒸溜所を立ち上げます。日本のウイスキー消費量が２００８年に底を打ち、上昇に転じた波に乗るようにして急成長を遂げ、大躍進。２０１９年にはそれまでの5倍の規模である2トン仕込みの秩父第二蒸溜所を開設します。まさに日本のクラフトウイスキー蒸溜所の先駆けになりました。

秩父蒸溜所は、様々な種類の樽を造ることができる独自の製樽工場も持っています。また、２０２５年には北海道の苫小牧で年産２４０万リットルもの大規模な連続式グレーンウイスキー蒸留所が操業を開始する予定とのこと。メガクラフトから大手メーカーの一角へと成長を遂げている蒸留所です。

本坊酒造——グループで挑む、世界戦略

・マルス信州《しんしゅう》蒸溜所（１９８５）
・マルス津貫蒸溜所（２０１６）
・関係会社として山鹿《やまが》蒸溜所（２０２１）
・グループ会社として薩摩《さつま》酒造
火《ひ》の神《かみ》蒸溜所（２０２３）

マルスウイスキーで知られる本坊酒造は、鹿児島で創業した焼酎製造をルーツとする総合酒類メーカーです。戦後間もない１９４９年にウイスキー製造免許を取得しています。

本坊酒造では長野県にマルス信州蒸溜所、鹿児島県にマルス津貫蒸溜所という二つの蒸留所を構えています。また、関係企業として熊本県の山鹿蒸溜所があり、鹿児島県にグループ

会社の薩摩酒造が開設した火の神蒸溜所ではモルトウイスキーと多段式蒸留機によるグレーンウイスキー製造が行われています。合わせると、モルトウイスキー蒸留所4か所、グレーンウイスキー蒸留所1か所を保有する一大ウイスキーメーカーです。

大手メーカーと肩を並べるほどに拡大した本坊酒造ですが、そこに到るまでには紆余曲折があり、簡単な道のりではなかったようです。

本坊酒造は最初期には鹿児島でウイスキーを製造していましたが、1960年に山梨に蒸留所をオープンします。しかし、わずか12年でウイスキー蒸留所は閉鎖、ワインの醸造所となりました。1980年代の地ウイスキーブームのなかで鹿児島でのウイスキー製造を再開し、新天地の長野県に1985年にマルス信州蒸溜所を設立しました。ところが今度は日本のウイスキー消費量がそこから坂を転がり落ちるように減少していきます。不運なことに7年間でウイスキーづくりを休止せざるを得なくなりました。

その後、19年間の休止を経て2011年にウイスキー製造を再開。2016年には創業の地、鹿児島にマルス津貫蒸溜所を開設し、クラフトウイスキー蒸留所としては初めて2か所の蒸留所を運営しはじめました。2020年には老朽化が進んでいたマルス信州蒸溜所を全面改修するなど、グループの総力をあげてウイスキー製造に投資を行っています。

本坊酒造は過去に2回、大きく投資をしたタイミングでウイスキーを取り巻く状況が大きく変わるという不運に見舞われてきましたが、歩みを止めることなく、グループをあげての挑戦を新たに始めています。

小正醸造――世界のディアジオを魅了した3基のポットスチルを持つ・嘉之助蒸溜所（２０１７）

２０２１年9月、衝撃的なニュースがウイスキー業界を騒然とさせました。小正《こまさ》醸造のウイスキー製造子会社である嘉之助蒸溜所が、世界最大手のウイスキーメーカーであるイギリスのディアジオから出資を受けたのです。

日本の小さなクラフトウイスキーメーカーが、カリラやタリスカー等のスコッチのモルトウイスキー蒸留所だけで30か所以上を保有する超巨大ウイスキーメーカーから出資を受けた。これは、今まで日本の大手のみが保有していたジャパニーズウイスキーというカテゴリに、世界が食指を動かしていることを示しています。ジャパニーズウイスキーが世界五大ウイスキーとして名実ともに位置付けられ、日本のクラフトウイスキー蒸留所が海外のメーカーの傘下に入っていくことも不思議ではない時代になったともいえるでしょう。日本のウイスキーが世界に認められ、大きく羽ばたいていくことには感慨深いものがあります。

さて、嘉之助蒸溜所は鹿児島の焼酎メーカー・小正醸造が開設したもので、２０１７年にオープンしました。小正醸造は、日本で初めて米焼酎を樽熟成させたメローコヅルを発売したメーカーです。

通常クラフトウイスキー蒸留所では初留・再留で2基のポットスチルを使用しますが、嘉之助蒸溜所は容量の異なる3基のポットスチルを備えており、それらの組み合わせによって様々な酒質を得られるという特徴を持っています。海に面して建てられた蒸留所はその建物自体が美しいのですが、大パノラマの景色を見渡せるバーカウンターもあり、訪れる人を魅了します。

親会社である小正醸造では焼酎の設備を活かしてグレーンウイスキーも製造しており、鹿児島という温暖な環境にあることでウイスキーの仕上がりが早いというのも大きなアドバンテージとなっています。世界のディアジオをも魅了した嘉之助蒸溜所がどのように世界に展開していくのか、今後の日本のウイスキーの将来を占ううえでも目が離せません。

黒木本店――麦を育て、麦芽造りまで行う大地に根ざした蒸留所

・尾鈴山蒸留所（２０１９）

「百年の孤独」などの人気焼酎を手掛ける黒木《くろき》本店の黒木信作《しんさく》さんは、尾鈴山蒸留所で２０１９年からウイスキー製造を開始。宮崎の地で革新的なウイスキー造りをしています。

ウイスキーの製造工程は第５章で詳しく解説しますが、日本のウイスキー造りは通常、海外から麦芽を輸入して仕込むことでウイスキー造りを行います。それを尾鈴山蒸留所ではなんと、麦を育てるところから手掛け、独自の方法で製麦（モルティング）まで行っています。しかも、日本酒の麹《こうじ》を育てるときと同様に、手作業で麦を攪拌《かくはん》し、発芽させているのです。私はこれこそ手仕事であり、ハンドクラフトであると深い感動を覚えました。

そうして生み出されるニューメイクは大地で育った麦の力強さや土のニュアンスがあり、唯一無二のものとなっています。仕込むことのできる量が限られるため、製品として出回る数は非常に限られたものになってしまいますが、チャンスがあれば一度は是非試していただきたい蒸留所です。

黒木さんがこのような独自のウイスキー造りに行きついた背景には、宮崎の豊かな大地と地域に根差して行われてきた長年の焼酎造りがあります。黒木さんにとって「蒸留酒」とは、その地に根付き、風土の恵みを形にしたものです。焼酎は製造方法に様々な制約があるのですが、ウイスキーはより自由に酒造りをできる――黒木さんはウイスキーを造るという方法で、自分の理想の蒸留酒を追求しようとしているのです。これが、尾鈴山蒸留所が他のウイスキー蒸留所と一線を画している理由だと私は思います。

堅展実業――日本の東の果てで造られる、アイラを理想としたウイスキー
・厚岸蒸溜所（2016）

厚岸蒸溜所は、乳製品の輸入商社・堅展《けんてん》実業が2016年に操業を始めました。全くの異業種からの参入です。

社長がアイラモルトを好きであったことから、ピート層に覆われた厚岸の地が選ばれました。麦芽はスコットランド産のものに加え、地元厚岸産の二条大麦も使用。北海道のミズナラ樽、酵母も使い、まさに〝厚岸オールスター〟のウイスキー造りを目指しています。理想とするアイラとは温度などの熟成環境は全く違いますが、アイラの精神を手本として地元素材を使ったウイスキー造りに取り組み、最近のクラフトのトレンドであるテロワール（地元原料を用いたウイスキー造り）を意識した蒸留所です。

異業種からの参入ということでウイスキー造りのノウハウがなかったため、日本で初めて、スコットランドのポットスチルメーカーであるフォーサイス社がすべての工程を手掛けることになりました。2022年からは地元のピートを使った製麦も始まっており、着実にその

理想へと近づいています。

笹の川酒造――イチローズモルトの救世主。一度は休止していた老舗蒸留所

・安《あ》積《さか》蒸溜所（２０１６）

かつて地ウイスキーブーム時に「チェリーウイスキー」を発売していた日本酒の老舗《しにせ》蔵元です。１９８９年にウイスキー製造を休止しており、輸入原酒をブレンドした製品が中心を占めてきました。２００４年に東亜酒造が羽生蒸溜所を閉鎖するときに、廃棄予定だった樽を明利《めいり》酒類の紹介で引き受けたため、最初期のイチローズモルトは笹の川酒造でボトリングされ発売されていました。つまり、笹の川酒造が手を挙げなければイチローズモルトは世に出ず、秩父蒸溜所も存在しなかったかもしれないのです。そうなれば日本のクラフトウイスキーは10年ほど歴史が遅れていたかもしれません。

２０１６年から安積蒸溜所として自社でのウイスキー製造を再開しました。仕込み規模は４００キログラム／１仕込みと、秩父蒸溜所とほぼ同サイズですが、設備は三宅製作所のものを導入しています。２０１９年にはホーロー製の発酵槽を木桶《きおけ》に入れ替えており、３年間の熟成を経て今後どう酒質が変わっていくのか注目の蒸留所です。

長濱浪漫ビール――観光地にあるレストラン併設のマイクロディスティラリー
・長濱蒸溜所（2016）

酒類の大手チェーンストアであるリカーマウンテンは1996年、滋賀県の長浜駅のほど近くにレストランを併設したブリュワリー「長濱浪漫ビール」を開業しました。近くには古い街並の一角である黒壁《くろかべ》スクエアがあり、多くの人が訪れる観光地に位置しています。

2016年、ポルトガルのホヤ社の蒸留器を導入しウイスキー製造が始まりました。前述のようにビールとウイスキーは、一部製造工程が共通するところがあるので、ビール醸造所はイニシャルコストを下げながらウイスキー製造を開始することができます。とはいえもともとがビール醸造所であり、限られたスペースに蒸留器などが設置されたため、開始当時は仕込みの規模としても広さとしても日本最小規模の蒸留所でした。

第一世代クラフトウイスキー（117ページ参照）は都市から離れたところにウイスキー製造のみを行う工場を建てることが多かったなかで、観光地にある長濱蒸溜所は異色の存在でした。レストランを備え、ウイスキーの製造体験も企画。ウイスキー製造のみにはとらわれない第二世代クラフトウイスキーのモデルとなった蒸留所といえます。交通の便もよく、第二世代クラフトウイスキーの蒸留所の多くが長濱蒸溜所を視察しています。

ほかにも輸入原酒をブレンドしたアマハガン（長濱の英語綴りの逆さ読み）を展開したり、漫画やミュージシャンと積極的にコラボするなど、ウイスキーのファン層を広げる活動をしています。

江井ヶ嶋酒造——日本で最初にウイスキー製造免許を取得

・江井ヶ嶋蒸溜所（1919）

兵庫県明石《あかし》市にある江井ヶ嶋酒造は、山崎蒸溜所の建設が開始される4年前の1919年に、ウイスキー製造免許を取得しました。本格的なウイスキーの製造が始まったのは1961年ですが、地ウイスキーブーム以前からウイスキーを製造してきた歴史ある蒸留所です。

1984年に現在の建屋を建築し、三宅製作所製の設備を導入しています。その後、地ウイスキーブームは収束しますが、冬に日本酒、夏に限られた量のウイスキーを仕込む二毛作でウイスキー製造を続けていました。

近年のウイスキーブームで大きく生産量を増やし、2019年にはポットスチルを新調し、蒸留所の名称もホワイトオーク蒸溜所から江井ヶ嶋蒸溜所に改称。時代に合わせて柔軟に変化し、今は通年でウイスキー造りをしています。

もともと夏にウイスキー造りを行うスタイルは、気温が高い夏に酒造りを行えない日本酒蔵特有のものであり、これはかつての若鶴酒造と共通しています。また、旧来のブレンデッドのみの製品展開だったところから、２００７年にシングルモルトを発売したり、昔から見学受け入れを行っていたりするなど先進的で、私が若鶴酒造のウイスキーを改革するときに参考にした蒸留所でもあります。また造りに関しても来歴が似通っています。かつては日本酒造りの延長で仕込まれていたやり方だったのが、２０１６年に中村裕司《なかむらゆうじ》杜氏《とうじ》が着任してからゼロベースでの見直しが行われ、年々品質が向上しています。一人の人物が本気で取り組むことが、いかに蒸留所全体に影響を与えるかを感じることのできる好ケースということもできます。

ガイアフロー――軽井沢の設備を受け継ぎ、薪直火で蒸留する

・静岡蒸溜所（２０１６）

精密部品の製造会社からウイスキー好きが高じて、ウイスキーの輸入代理店を経て立ち上げたのが静岡蒸溜所です。

静岡蒸溜所には初留に使う蒸留器が2基あり、一つは以前、軽井沢蒸溜所で使われていたものです。軽井沢蒸溜所が閉鎖するにあたり、製造設備が町有財産として競売にかけられた際、ミルと蒸留器1基を505万円で落札し、移設しています。軽井沢蒸溜所の往年の設備が稼働している様子を見ることができるのは、一ウイスキーファンにとって感慨深いものがあります。

もう一つは新造したフォーサイス社の蒸留器で、こちらは世界でも類を見ない薪直火《じかび》による蒸留器です。薪直火は泡盛などの蒸留に使われることもありますが、使用する釜《かま》が大きなウイスキーの蒸留に用いられるのは異例です。林業が盛んな静岡で得られた間伐材を用いることで森林資源の活用も目指したものです。建物の外装や発酵槽にも地元の杉を用い、麦や酵母まで地元産を重視し、見学ツアーに力を入れるなど、地元に根差した現代のクラフトウイスキー蒸留所らしい工夫に溢《あふ》れた蒸留所です。

また、個人に樽を販売するプライベートカスクに、インターネットで小容量、手ごろな価格から応募できるようにするなど新しいサービスも展開し、従来の慣習にとらわれずにウイスキー事業を行っています。まさに異業種からの参入ならではの、業界の異端児といえるでしょう。

新潟小規模蒸留所――ハンコとウイスキーの二刀流で世界へ
・新潟亀田蒸留所（２０２１）

「はんこの大谷《おおたに》」を展開する印章の製造・販売会社である株式会社大谷が設立した、新潟初の本格的なウイスキー蒸留所が新潟亀田蒸留所です。

「ハンコメーカーが、ウイスキー製造に参入」と聞くと、デジタル化による脱ハンコ社会を見越した新事業展開かのように思われがちですが、そうではありません。実はウイスキー好きが高じての結果なのです。

代表の堂田《どうだ》浩之《ひろゆき》さんは北海道出身で、余市蒸溜所に通っていたほどのウイスキー好きです。地元の大学を卒業後は、ウイスキーに関わる仕事をしたいという思いもあったそうですが、当時はウイスキーがどん底の時代。残念ながら余市蒸溜所はじめ、採用の募集もなかったため、あきらめざるを得ませんでした。そんな堂田さんに、奥さんとの出会いという転機が訪れました。奥さんは大谷の創業家出身であり、堂田さんも大谷を手伝うことになったのです。新しく面白いことに挑戦する大谷の社風があるなかで、「好きな事を事業にする」ことについての悩みや葛藤《かっとう》はあったそうですが、奥さんや周りの経営者の方から後押しされる形で立ち上げたのが新潟亀田蒸溜所です。

操業から2年で、2023年のウイスキーの国際品評会「ワールド・ウイスキー・アワード」の未熟成原酒部門で世界最高賞に輝いています。3年熟成したウイスキーはまだリリースされていないものの、これからが非常に楽しみな蒸留所です。

西酒造――シェリー樽にこだわる、〝ラグジュアリー〟な蒸留所

・御岳《おんたけ》蒸留所（2019）

「富乃宝山」や、シェリー樽で熟成した焼酎「天使の誘惑」で有名な西《にし》酒造が、所有するゴルフコースの間近に建設したのが御岳蒸留所です。現在のところ蒸留所は樽オーナーだけが見学できるクローズドな空間です。ある業界関係者が「日本のマッカラン」と評したこともあるとおり、すべてが洗練され、ラグジュアリーな蒸留所となっています。

もともとシェリー樽による焼酎熟成のノウハウがあったため、メインの樽はシェリー樽で熟成しています。酒質は、ジャンルが違う酒類ながら「富乃宝山」や同じく西酒造が手掛ける日本酒「天賦《てんぷ》」とも共通した、洗練されつつも味がある、フレーバーを感じさせるものとなっています。

ちなみに樽オーナーになると樽を保有している間、ゴルフのプレー権が与えられるという、

ゴルフ好きにとってはたまらない特典があります。クラブハウスは現在建て替え中ですが、完成した際にはレストランや宿泊施設、樽貯蔵庫を備えたものとなるらしく、西陽一郎《よういちろう》社長の美意識と遊び心が詰まったものになるそうです。

舩坂酒造店——山奥の廃校を再生。体育館にポットスチルが鎮座

・飛驒高山蒸溜所（２０２３）

飛驒高山の中心地に酒蔵を構える舩坂《ふなさか》酒造店が、高根《たかね》エリアに設立した蒸留所です。高根エリアとは、岐阜県と長野県の県境に位置し、人口減少・高齢化が著しい地域。飛驒高山蒸溜所はそんな地域の小学校の廃校舎を再生し、設立されました。

近年、少子化によって廃校となる学校が相次いでおり、その利活用が課題になっています。そうした小学校をウイスキーの熟成庫として活用する事例（長濱や嘉之助など）はこれまでもありましたが、ウイスキー自体を製造する蒸留所として再生するのは初めての試みです。高根小学校はかつて地域のコミュニティの中心であり、約15年前に廃校になったあとも地域の人々によってきれいに保全されていました。そんな小学校を蒸留所として再生し、新たなコミュニティの核として蘇《よみがえ》らせるこのプロジェクトは、地域再生のモデルケースとしても全

国から注目されています。

製造場は体育館が活用され、２階のギャラリー（周回廊）はそのまま見学者用の通路になっています。世界初の導入事例となる鋳造ポットスチルＺＥＭＯＮⅡ（第2部で解説）は正面のステージに鎮座しており、大きな存在感を放っています。校舎を活用して樽の熟成も行われます。

将来的には、理科室を使ったブレンド体験や、グラウンドでのウイスキーイベントを開催するなど、元小学校ならではの空間を活かしたイベントを予定しているそうです。

吉田電材工業――日本産原料にこだわるグレーン専門の蒸留所

・吉田《よしだ》電材蒸留所（２０２２）

変圧器や医療機器のメーカーである吉田電材工業が、新潟県村上《むらかみ》市に設立した吉田電材蒸留所。グレーンウイスキーに特化して製造を行う蒸留所です。

スタイルとしてはアメリカにあるコーヴァル蒸溜所を参考にしており、国産のデントコーンや様々な穀物を使ってグレーンウイスキー製造を行っています。現在は一部の原料が海外産のものとなっていますが、ゆくゆくはすべての原料を日本産に切り替えていくことを検討しています。

なぜ、マーケットとしてもニッチなグレーンウイスキー製造で、高価な日本産の原料にこだわるのでしょうか？　その背景には、本当の日本産のブレンデッドウイスキーを造るための下支えになりたい、という思いがあるからです。

現在、日本で新たに建設されているのは、ほとんどがモルトウイスキーの蒸留所です。しかしながら世界的にみれば、ウイスキーの消費は8割以上がブレンデッドウイスキーです。ブレンデッドウイスキーは、モルトウイスキーとグレーンウイスキーをブレンドしたウイスキーですが、日本ではグレーンウイスキーを他社に供給する会社がなかったのです。そのため、第3章で詳述したように、クラフトウイスキー蒸留所はスコットランドのグレーンウイスキーを輸入して自社のモルトウイスキー等にブレンドすることでブレンデッドウイスキーを製造してきましたが、その方法では2021年に制定されたジャパニーズウイスキーの基準を満たさないものとなってしまいます。

吉田電材蒸留所は他のクラフトウイスキー蒸留所に、トレーサビリティがしっかりした国産の穀物を原料とした高付加価値のグレーンウイスキーを供給することで、真のジャパニーズウイスキーを作る土壌を育む、日本のウイスキーにとって重要なパーツの一つとなるかもしれません。

軽井沢蒸留酒製造――世界的な台湾のマスターブレンダーが手掛ける蒸留所
・小諸蒸留所（２０２３）

元カバラン蒸溜所マスターブレンダーのイアン・チャン氏がマスターブレンダー兼副社長として参画する蒸留所です。

カバランは台湾にあるウイスキー蒸留所で、暑い地域でウイスキー造りは難しいという常識を覆し、コンペティションで世界一を何度も受賞した超有名蒸留所です。その蒸留所の象徴でもあったマスターブレンダーであるチャン氏が日本でウイスキー蒸留所を立ち上げるというニュースを聞いた時には非常に驚きました。ただ、実は外国の方が手掛ける日本のウイスキー蒸留所は近年設立が相次いでおり、アメリカ：利尻《りしり》蒸留所（２０２２）、マレーシア：鴻巣《こうのす》蒸溜所（２０２０）、オーストラリア等：野沢温泉蒸留所（２０２２）、イタリア：飯山《いいやま》マウンテンファーム蒸溜所（２０１９）など、活況を呈しています。

この状況は、日本の風土や、日本におけるウイスキーのブランド価値が、世界からみても魅力的になっていることの証左でもあります。小諸蒸留所は広大なビジターセンターとウイスキーに関するセミナーなども開けるアカデミーを有していて、２０２４年にはアジア初のワールドウイスキーフォーラムが開催されるなど、海外とのウイスキー文化の交流の場としての役割も期待されています。日本から世界へ、世界から日本へ——ジャパニーズウイスキーは新たな段階に入ったのかもしれません。

第５章　モルトウイスキーの製造工程

実際にウイスキーを造るときは、どのような工程で行われるのか――かつての地ウイスキー時代には、本格的なウイスキー製造の知見を持っているのはほぼ大手メーカーに限られていました。私が２０１５年に三郎丸蒸留所の再興を計画していたときも、製造設備の購入先や仕込みについてのノウハウは入手しにくい状態でした。

ただ、現在では日本各地にウイスキー蒸留所が設立され、それぞれのクラフトウイスキー蒸留所が様々な挑戦を続けることで、一部謎に包まれていたウイスキー造りの姿が少しずつわかってきています。ウイスキーは結果が出るまでに時間がかかる分、ノウハウが蓄積するのにも時間がかかっていたのですが、蒸留所同士での交流が行われるようになったこともあり、情報が得やすくなったともいえます。本章では、モルトウイスキーの製造工程について、最新の知見や私の経験もまじえて紹介しようと思います。蒸留所見学をするような気分で読んでいただければと思います。

まずウイスキー造りは、原料となる大麦を糖化することから始まります。とはいえ麦をそのままお湯につけても糖化することはできないので、大麦を一度発芽、乾燥させることで大麦麦芽（モルト）に変えます。大麦が植物として成長するために生成した酵素がもつ「デンプンを糖に変える仕組み」を、糖化に利用するためです。

この麦芽を作る工程を製麦（モルティング）といいますが、現在のほとんどの蒸留所が専門の製麦業者（モルトスター）に製造を委託しています。もちろん、フロアモルティング（床式製麦／床の上で大麦を発芽させる）などの工程をとって自社で麦芽を製造することも可能です。ただ、全量をまかなうのは設備や人手、コストの問題から現実的ではないため、モルトを購入しウイスキー製造に用いるのが一般的です。

麦芽の種類――ノンピートかピーテッドか？

大麦について

大麦は古来、小麦、米、トウモロコシと共に主要な食料となってきた穀物です。また、小麦に比べてグルテンが少なく、粘り気がないため、酒造りに用いられてきました。

醸造専用の大麦品種ができたのは19世紀のチェコとされています。ビールの生産が世界に広がるとともに現地の在来種との交配が促進され、各地に適応した品種が生まれました。

ウイスキー用の大麦についてはI9世紀までスコットランドでは「ベア種」という古代品種が栽培されてきたそうですが、収穫量が非常に少なく、得られるアルコール量も少なかったそうです。20世紀に入るとイングランドでは「アーチャー種」や「シュバリエ種」といった品種が主要を占め、スコットランド産の大麦を圧倒していました。

実はスコットランドは気温が低いうえ日照時間が短く、また雨が多い地域であり、従来は麦の栽培適地ではありませんでした。その状況を一変させたのが１９６０年代に登場した「ゴールデンプロミス種」です。この品種は、イングランド産に負けないぐらいの品質をもった大麦をスコットランドで生産できる、画期的なものでした。

以降、ウイスキー産業が大きくなるにつれて品種改良のサイクルも早まり、病害虫や天候不順に強く、単位面積当たりの収穫量が多く、ウイスキーの収量が見込めるように改良が進められています。蒸留工程をもつウイスキーにおいては、使う大麦の品種の違いがビールほどには影響を与えないともいわれています。しかし、現代のウイスキーの味が昔のものとは違うことについて、麦の品種が変わったことが原因だと考える人もいます。

ウイスキー製造に使われる大麦品種の変遷

期間	代表的な品種	アルコール収率［LPA／トン麦芽］
～19世紀	ベア	260程度（推定）
1900年頃	シェバリエ	300程度
～1950年	スプラット・アーチャー プラメージ・アーチャー	360～370
1950年～1968年	ゼファー	370～380
1968年～1980年	ゴールデンプロミス	385～395
1980年～1985年	トライアンフ	395～405
1985年～1990年	カーマルグ	405～410
1990年～2000年	チャリオット	410～420
2000年～	オプティック、コンチェルト、 ローレイト	410～430

出典：『ウイスキーコニサー資格認定試験教本2018』（土屋守、ウイスキー文化研究所）

ピーテッド麦芽について

ウイスキーの大きな魅力に「スモーキーな香り」があります。この香りは、麦芽がピート（泥炭）で燻《いぶ》されることによりもたらされます。ピートのきいたウイスキーを初めて飲む時には、その独特な香り（よく消毒薬の香りと言われたりします）に驚く人もいると思いますが、飲み慣れるとクセになる、魅力あるフレーバーです。また、ウイスキーに飲みごたえを与えるものでもあります。

ピートとは、寒冷地において湿地に生育した樹木、草本、コケ類などの植物がゆっくりと分解されてできたもので、燃料として使われたり、固形肥料の原料として用いられたりもするものです。スコットランド、特にアイラ島は大きな木や森が少なく、ピートに覆われた大地が茫漠《ぼうばく》と広がっています。化石燃料が普及する以前、人々はピートを採取し、乾燥させることで日々の生活の燃料としていました。それがウイスキー造りにおいて麦芽の乾燥に用いられたことで、麦芽に薫香が付くようになり、独特のスモーキーなウイスキーが生まれました。

麦芽のスモーキーさを表す数値をフェノール値と言います。ｐｐｍ単位で表され、この数値によって麦芽の種類が大別されています。日本のウイスキー蒸留所においては原酒の交換の歴史がなかったため、様々な原酒を造るために一つの蒸留所で複数の種類の麦芽を仕込むことが多いのですが、三郎丸蒸留所のようにスモーキーなウイスキーをメインに製造している蒸留所もあります。使用する麦芽の種類は蒸留所のキャラクターを確立する重要な要素になるため、目指すウイスキーの姿をイメージしながら選択する必要があります。

フェノール値による麦芽の分類は時代や人によって認識に差があるため、どこからがミディアムでどこからがヘビーなのかという、決まった定義はありません。次ページの図においては、おおよその目安を記載しています。

また、フェノール値が高い麦芽を使ったからといって、仕込んだ時に数値そのままのスモーキーさがウイスキーに現れるわけではありません。粉砕や仕込み、蒸留のしかた等によって変化するので、数値はあくまでも参考程度のものです。

ピートのフェノール値

麦芽の種類	フェノール値	主な蒸留所
ノンピート	0〜1	グレンゴイン、ブナハーブン等
ライトピート	2〜10	ブルイックラディ等
（ミディアム）ピーテッド	10〜29	ボウモア、タリスカー等
ヘビーリーピーテッド	30〜65	カリラ、ラフロイグ、アードベッグ、キルホーマン、三郎丸等
ウルトラヘビーリーピーテッド	66以上	オクトモア等

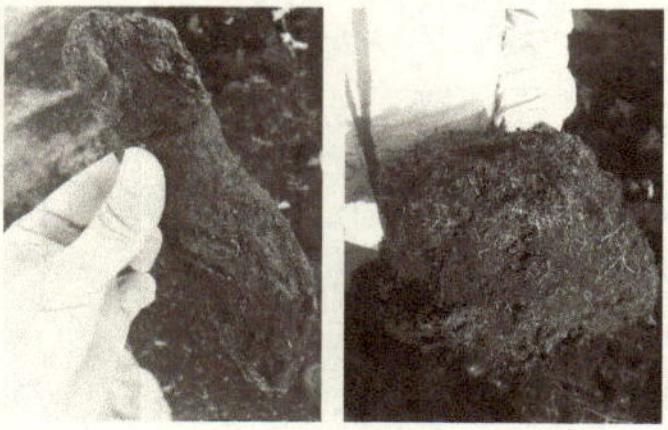

（左）は切り出されたピート。圧縮されて棒状になっている。
（右）は圧縮されていないフワフワの状態。

ピートは、その採取場所がどのようなところか――内陸で採られたのか、海岸で採られたのか――や、どれぐらいの深さから切り出されたのか等、その採取状況によってもウイスキーの香りや味に影響します。

日本でもかつては北海道などでピートを採取し麦芽を乾燥していたのですが、現在はモルトスターに製造が集約化されたことで、ほとんど行われることがありません。ピートは植物が炭化してできるものであり、植生によって違う香りのピートになるので、スコットランドと北海道のピートでは全く違った香りのウイスキーに仕上がったといいます。実は富山県にもピートは存在しているのですが、立山《たてやま》の自然公園（中部山岳国立公園）の中にあるので採取することはできません。もし富山のピートでウイスキーが造られたらどのようなものになるのか……想像するだけでもわくわくします。

ノンピート麦芽について

ピーテッド麦芽に対し、ピートを用いないで製麦された麦芽をノンピート麦芽といいます。ビール醸造にも用いられる通常の麦芽であり、ウイスキーにおいてもノンピートのほうが主流です。

ピーテッド麦芽のほうは飲む人によって好みが分かれるうえ、高価です。また、ブレンドにおいては少量を使うだけでも製品に大きな影響を与えるほどの効果があります。世界的にはブレンデッドウイスキーがウイスキーの製造の大半を占めるため、使いやすいノンピート麦芽がモルトウイスキー蒸留所の仕込みの主流になっているのです。

スコットランドに限らず、ドイツ、ベルギー、カナダ、オーストラリアなど世界中の様々な国で製造されていて、生産量が多く安定した調達が見込めるため、多くのウイスキー蒸留所で用いられています。

ノンピート麦芽にはビール用のものとウイスキー用のものがあります。ビール用は泡持ちのためにある程度のタンパク質があることが重要になっています。また、醸造したものをそのまま飲むため、麦そのものの味を維持するということもあり昔からの麦の品種が現在でも生産されています。対して、ウイスキー麦芽においては、アルコールがより多くとれることや単位当たりの収量が重視され、そのための品種改良もされるということから、使用される麦の品種の移り変わりが激しくなっています。

製麦

製麦は前述したように、モルトスターと呼ばれる専門の製麦業者によって行われます。その一般的な工程は以下のようになります。

収穫→乾燥→貯蔵→精選→浸麦→発芽→焙燥《ばいそう》→除根

工程の一つひとつを簡単に説明していきましょう。

収穫：文字通り大麦を収穫します。ウイスキーやビールに用いられる二条大麦は春蒔《ま》き品種と冬蒔き品種がありますが、スコットランドが寒冷地ということもあり、一般的にウイスキーに使われるのは春蒔き品種です。その収穫期は8～9月です。

乾燥：収穫した大麦は水分が16～20%ほどですが、水分が13%くらいになるように乾燥させます。これにより麦の呼吸を抑え、エキス分の損失を最小限にすることができます。また、保管性を高めることができます。

貯蔵：収穫直後の麦芽はすぐに発芽しません。植物が生育するために適した季節になるまで、条件が整っても発芽しないことで冬や乾季などをやり過ごす仕組みがあるからです。これを休眠期間（ドーマンシー）といいます。しかし製麦業者にとっては麦の休眠期間が長いと、その分保管する期間とスペースが多く必要になりますので、麦芽に用いられる麦は休眠期間が短くなるように品種がどんどん改良されています。ただし、現在でも均一な発芽のためある程度の期間を置くことは必要です。

精選：粒の大きさによって選別します。粒の大きさが異なると吸水や発芽の状態がバラバラになり、後にウイスキーを仕込むときの濾過《ろか》性にも影響してしまいます。粒径が大きいほうから一番麦、二番麦、三番麦（細粒）に分けられて、三番麦は飼料用として用いられます。

発芽中の麦である緑麦芽（グリーンモルト）から幼根が出ている

浸漬：大麦を浸麦槽に移し、給水してエアレーションすることで酸素を与えます。この工程は麦の洗浄も兼ねていますが、水張りと排水を繰り返すことで麦に水を吸わせます。その度合いを浸麦度といい、ビールでは40～45％、ウイスキーでは45～48％と高めです。発芽の具合は水、酸素、温度の3要素が関係します。10～20℃の間の安定した温度の冷水（井戸水等）を使用し、酸素を十分与え、呼吸で生じた二酸化炭素を除くことが肝心です。浸漬は30～60時間程度かけて行われ、粒底部に幼根が見え始めてから、発芽床（槽）に移動させます。

発芽：大麦を攪拌《かくはん》しながら空気を送り込み、

根が絡まないようにしながら酸素を供給し、5～6日かけて発芽を促します。麦粒からは幼根が出て、反対方向に粒の中で葉芽が伸び始めます。このとき穀粒内にある酵素が活性化され、芽の成長とともにデンプンが麦芽糖などの糖分に変換されます。あまり成長させ過ぎると、大麦内のデンプンが消費され、アルコール収率が悪くなってしまいます。根が粒の大体2倍ぐらい、葉芽が3分の2から4分の3ぐらいになったところで次の工程に移ります。目安としては、麦を指でつぶしてみると簡単につぶれ、粉状になり、コンクリートに線を引けるようになるぐらいの固さです。このような発芽中の麦を緑麦芽（グリーンモルト）と呼びます。

発芽には、床に麦を広げ人力で攪拌作業をするフロアモルティングのほか、サラディンボックス式、ドラム式などがあります。どの方式も形は違いますが網目状に細孔を持つ床や容器に麦粒を入れ、根が絡まってしまわないように攪拌しつつ、空気を供給する仕組みです。三郎丸蒸留所では富山県内にある宇奈月《うなづき》麦酒によって製麦された富山県産の大麦を使用していますが、その設備の床も網目状になっていて、下から空気を送り込めるようになっています。

焙燥：緑麦芽をそのまま放っておくとどんどん成長して、内部のデンプンが消費されつく

発芽槽でモルティングを行う様子

してしまいます。そこで麦芽の品質を固定するための工程が焙燥です。これにより内部の酵素を保持しながら、水分を減らせ、長期間の貯蔵ができるようになります。また、緑麦芽の青臭さを飛ばし、香ばしい香味を付与します。この時に燻したピートの煙をまとわせるとスモーキーなウイスキーの原料のピーテッドモルトが出来上がるわけです。

具体的な工程としてはまず、麦芽に付着している水分を比較的低い温度で乾燥させ、そののちに高温の焙焦温度まで昇温することで酵素反応を停止します。最終的な仕上がりとしては、水分が5％以下になるまで乾燥させることで長期の保管が可能になります。昔は熱源としてピートを用いていましたが、現代ではガスや重油などを主な熱源として使います。ピーテッドモルトを製麦する場合は、ピート専用の小さな炉でピートを燻し、煙を発生させ、その空気を発芽槽に送り込むことで薫香を付着させています。

燻製造りをしたことのある人ならわかると思いますが、煙は水分に付着します。逆に、完全に乾燥した状態の麦芽には香りが定着しにくいため、ある程度水分が残った状態のときにピートで燻すのです。ピートの香りは強く、様々な設備に香りが染み付いてしまうため、ビール麦芽やノンピート麦芽を造る設備とピーテッド用の設備は分けられていることがほとんどです。

除根：最後に乾燥した根を取り除きます。カラカラに乾燥しているので、ちょっとさわっただけでも根はバラバラになって外れます。麦芽をエアー搬送するときに粒同士が擦れ合って根が分離されるので、外れた根を空気で吹き飛ばして麦芽と分離します。乾いた根はモルトカルムと呼ばれ、ペレット状に加工され、家畜の飼料に使われます。

ここまでの工程をモルトスターがやってくれることで、我々蒸留所はそのモルトを用いてウイスキーを仕込むことができます。実際にモルティングをやってみるとわかるのですが、麦芽になる前の休眠中の麦や、出来上がった麦芽を貯蔵する場所が必要になり、しかも製麦工程だけでも１週間以上かかるため、広い敷地と大きな設備が必要になります。我々蒸留所が安定してウイスキーを仕込めるのは、モルトスターの巨大な製麦工場が縁の下の力持ちとしてあるからなのです。

良質な麦芽とは何か

モルトウイスキー製造における〝良質な麦芽〟とはどういったものでしょうか？　グレーンウイスキーの製造では酵素力（ＤＰ、アミラーゼ力価）が重視されることもありますが、モルトウイスキーの場合は原料の１００％が麦芽になるので、基本的には以下の三つの要素が重視されます。

①エキス分（デンプン）が多い

これは、アルコール収量に直結し、製造原価にも影響を与える非常に重要な項目です。さらに以下の指標により評価されます。

・水分（moisture, %）
・可溶性窒素（soluble nitrogen, %）
・全窒素（TN dry, %）

・予想アルコール収量（PSY, LA/t）
・粗挽きにした時のエキス収量（Ext（0.7）, %）
②均一である
麦芽の均質さも重要です。均一であることは仕込みのオペレーション性（特に濾過）や品質の安定に関係します。
・均質性（Homogeneity, %）
・粉砕性（friability, %）
③安全である
麦芽に発がん性物質やカビ等が含まれないこと。
・ニトロソアミン（NDMA, ppb）

これらの項目はモルトスターごとに様々な要件が設けられており、これらをクリアしたものだけがウイスキー用の麦芽として販売されています。

以上のように、分析による麦芽の品質の確認も重要ですが、日々の仕込みのなかで自分の感覚による麦芽のチェックを続けることも大切です。次のような項目を「官能」によってチェックします。

・表面に傷や虫害などがなく、粒の形が大きく均一であること。
・麦芽特有の爽やかで香ばしい香りをもち、鼻をつくような異臭がないこと。
・麦芽をつぶしたときに内部が粉状になっていること。

仕込み

ここまでで製麦について紹介してきました。ここからは次工程の「仕込み」を見ていきましょう。

原料である麦芽を粉砕し、温水と混合し、糖化することで発酵に必要な麦汁を抽出する工程を仕込みといいます。仕込みは蒸留と比べると地味に見える工程なのですが、ここで得られる麦汁の品質が、発酵の豊かさに影響するので非常に重要です。

仕込みは粉砕、糖化、濾過という三つの工程に分けられます。一つずつ解説します。

粉砕

最初はモルトの粉砕です。袋やサイロに保管されているモルトを、ミル（粉砕機）に移送します。

ミルの直前には異物を除去するためのディストナー（除塵機《じょじんき》）や、モルトクリーナー、マグネットを設けています。麦芽はモルトスターによって選別されていますが、除ききれない砂鉄が交じっていたり、ときどき金網の破片などが入っていたりすることもあります。金属がローラーを通過すると火花が発生してしまい、万が一、粉塵に着火すれば火災につながります。そうならないように、マグネットを設置するのです。

粉砕の方法は、乾式と湿式のおもに2種類があります。湿式はメンテナンスが大変で、きれいな麦汁が取得しづらいため、ビールと違い麦汁清澄工程がないウイスキー造りでは乾式粉砕が一般的です。また、ミルについても4本ローラー以上が用いられます。

粉砕したモルトはグリストと呼ばれますが、どれくらいの粉砕度合いにするかが重要です。麦芽の殻は、この後の麦汁の濾過工程においてフィルターのような役割を果たすため、適切な割合で粉砕する必要があるのです。そのためにローラーの間隔を適宜調整し、3段のふるい（グリストセパレーター）により「ハスク」と「グリッツ」と「フラワー」に分け、重量比を計測することで粉砕度合いをチェックします。ふるい方によって差異が出るのを避けるため、動作を標準化するか、専用の機械を使用します。

一般的な粉砕の目安としては次ページの図に示した通りになりますが、この後の工程（糖

グリスト（粉砕されたモルト）の目安

	ハスク	グリッツ	フラワー
粉砕の度合い	1.4㎜以上	1.4㎜〜0.2㎜	0.2㎜未満
重量比	20-30%	60-70%	10%程度

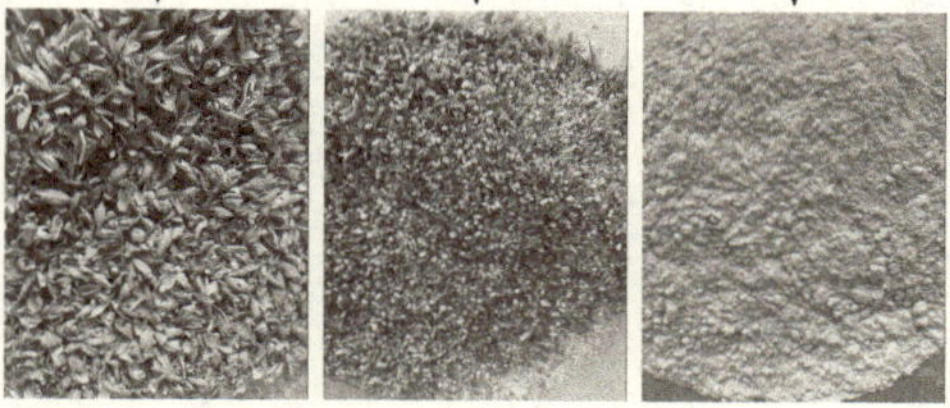

化）で使用するマッシュタンの形状によって最適な数値は変わってきます。粉砕した麦芽が沈殿して層になり、濾過工程におけるフィルターの役割を果たす際、粉砕を細かくしておくと清澄な麦汁を得やすくなる一方、過度に細かくすると麦汁の濾過が進みにくくなります。そのギリギリの線を狙って粉砕をするわけです。

　粉砕は工程として単純に見えるかもしれませんが、麦汁の品質や濾過の作業時間に直結するとても大切な工程です。粉砕した状態の麦芽を購入して使用する蒸留所もありますが、コストがかかる上に、保管期間が短くなり、なにより粉砕粒度をコントロールできなくなってしまいます。初期費用がかかるものの、長い目で見れば粉砕機を導入することのメリットが大きいのです。

ちなみに私は「ウイスキーの製造設備において最もコスト対効果が良い設備は、粉砕機である」と考えています。ウイスキー造りは前提として長期的な事業となるので、原料やエネルギー等のランニング費用を抑えることが、意外と大きなインパクトを持つのです。

糖化

「粉砕」の次は、「糖化」を行います。仕込み水を温水にしてグリストと混合することで酵素を活性化させ、それによりモルトに含まれるデンプンを分解し、酵母が食べることができる糖類を得る工程です。

ここで活躍するのが、麦芽の糖化と濾過を行う装置、マッシュタンです。糖化槽ともいわれ、ビールづくりにも用いられます。粉砕した麦芽とお湯をマッシュタン内で混合するのですが、必要なお湯の量は麦芽の約４倍となりますので、１トンの麦芽を仕込む場合、約４０００リットルのお湯を使うということになります。

最初にマッシュタンの底面にある濾過のためのスリットがある板の高さまでお湯を投入します。これを敷き湯といい、粉砕した麦芽が落下してスリットに詰まらないようにあらかじめ下部の空間をお湯で満たしておくわけです。

その後、グリストとお湯が混合されながら、マッシュタンに投入されていきます。このときレーキ（解槽機）はグリストの層を均一にするため麦層表面で回転させた状態にしておきます。投入が終わったらレーキの回転を止めて静置します。静置するとグリストが沈殿し濾過層を形成します。この間にも酵素によりデンプンが分解され糖になっていきます。糖化は約1時間で終了します。

マッシュタン

濾過

静置が終わったらマッシュタン下部から麦汁を引き抜きます。最初の麦汁は濁っているのでマッシュタンに戻します。これをサーキュレーション（循環）といいます。循環する配管内にサイトグラス（内部を目視できるガラス窓）を設けて麦汁の清澄度を確認し、熱交換器で麦汁を冷やします。あらかじめ発酵しているときの上限の温度を決めておき、温度を夏なら下げ、冬なら上げるなど、季節によって調整することで、コントロールします。

　これによって得られる麦汁を１番麦汁といい、その糖度は約20度になります。ちなみに、熱交換に使われた冷却水を仕込み水タンクに戻すことで、熱エネルギーと水を節約できます。

　このとき重要なのが麦汁の濾過を急がないことです。急速に多くの麦汁を出しすぎると麦層が締まり濾過性が著しく悪くなり、レーキを層に入れて解槽する（麦層を切って差圧を回復する）必要があります。そうすると、麦汁に濁りが生じ、清澄な麦汁を得られにくくなってしまうのです。

　麦汁の清澄度が発酵に与える影響は大きく、酒質にも影響します。清澄（クリアな）麦汁は、発酵時にエステルを多く生成し、香味豊かになりますし、濁った（ヘイジーな）麦汁では、脂肪酸がエステル生成を阻害するため香味成分が少なくなるのです。

　望ましい香味が得られるように粉砕度合いやサーキュレーションのスピードや時間、濾過流量など、様々なパラメータを調整する必要があります。その時々の麦芽のコンディションや設備によって状況は様々なので、絶対の数字というものはありません。日々の仕込みのなかで調整し続けるしかないのです。

　麦汁が濾過されて、麦層の表面約５センチに達したところで約80℃にした温水を均一に散布します。これをスパージングといいます。この時に得られる麦汁を2番麦汁といいます。スパージングにより麦層表面に凹凸ができることがあるため、レーキを麦層表面で回転させることでならします。2番麦汁の糖度は約5度です。1トンのモルトに対して、1番麦汁と2番麦汁を合わせ5000〜5500リットルの麦汁を得られますが、この時の糖度は約13〜14度となります。

さらに蒸留所によってはより温度の高い温水を散布することで3番麦汁、4番麦汁を得ることがありますが、これらは発酵槽には送られず、次の仕込み水として用いることによって糖分を回収します。

規模が小さく、1日1仕込みのクラフトウイスキー蒸留所においては3番麦汁を回収しないところも多いですが、昨今は麦芽の価格が高騰したことで糖分を効率的に回収し、麦汁の品質を高める意味でも3番麦汁の設備を導入することによるメリットは高まってきています。ただし、糖分が含まれた3番麦汁が、次の仕込みに使うまでタンクに入ったままになることがリスクにはなります。雑菌汚染を防ぐためにタンク内を高温で保持する必要がありますし、そのためのヒーターによってエネルギーを消費してしまいます。週7仕込み、つまり1日1仕込み以上であれば連続的に仕込めるため、メリットは大きくなりますが、週4日仕込みなどで仕込みの間の時間が空く場合、デメリットが大きくなってきます。

麦汁を冷やす熱交換器は、効率の良いプレート式熱交換器を用いるのが通例ですが、流路が狭いので汚れが溜まりやすいという難点があります。プレートが汚れるとエネルギー効率が落ちるばかりか汚染のリスクが高まります。メンテナンスとして薬品を使った洗浄や、場合によっては分解しての清掃などを定期的に行う必要があります。

発酵

「発酵」は、モルトウイスキーを造る上で味や香りに最も影響を与える工程です。酵母菌によって麦汁のなかの糖分からアルコールと香りを生み出す、まさに酒造りの醍醐《だいご》味《み》とも言えます。ウイスキー蒸留所の花形はその象徴的な見た目からポットスチルを使った蒸留と思われがちですが、実は目に見えない発酵工程にこそ真髄があるのです。ここで必要な香りを生み出せなければ、ベストな蒸留をしてもいい原酒は生まれません。

この工程において、人間ができることは「得られた麦汁に酵母を投入して待つだけ」で、それ以外に特に作業というものはありません。麦汁の中では酵母菌や乳酸菌などの様々な菌による熾烈《しれつ》な競争が行われるので、糖化・濾過などの前工程までで、酵母が望ましい活躍ができるようお膳《ぜん》立てをすることが重要になります。

発酵槽にはステンレス製などの金属製と、ダグラスファー（米松）などを使った木製のものがあります。金属製はクリーンな状態を保ちやすく、温度の調整も容易です。木製は、コントロールが難しいものの木の中に乳酸菌が住み着くメリットがあり、保温力もあるため、香り豊かで力強い醪《もろみ》を造ることができます。ステンレスと木桶《きおけ》を使い分ける蒸留所などもあります。

酵母について

酵母の種類、発酵時間、発酵温度によって、醪のなかに生まれる物質が変わります。発酵の具合によってウイスキーの味、香りが決まってくるのです。

なかでも酵母の選択はウイスキーの品質に与える影響がもっとも大きいものになります。清酒には清酒酵母、焼酎《しょうちゅう》には焼酎酵母があるように、現代のウイスキー造りの発酵工程にはディスティラリー酵母（ウイスキー酵母）が用いられることが多いです。かつてはエールビールを製造した際に出る余剰エール酵母が使われることがありましたが、品質の安定性とより多くの収量を得るため、アルコール生成能に優れたディスティラリー酵母が用いられるようになりました。三郎丸蒸留所でもかつてはエール酵母を単独で用いていましたが、現在ではエール酵母とディスティラリー酵母を混合して使用しています。

酵母の供給形態はクリーム酵母、プレス酵母、乾燥酵母があり、蒸留所によって使い分けられます。クリーム酵母は液状のため、自動で添加することができ、スコットランドやアメリカの大規模な蒸留所で用いられています。プレス酵母も水分を含んでいますが、液状ではないので、手作業での投入が必要です。どちらも大きな冷蔵庫を用意する必要があるうえ、品質の保持期限が短いのですが、酵母のサプライヤーが近くにあって輸送にかかる日数が短い場合にはトータルとしてコストを安くできます。また、発酵スピードが速いという特徴があります。

これに対して乾燥酵母は水分量が5％と少なく、2年にわたって品質を保持することができます。また、かさばらないので特別な設備が必要ありません。そのため、遠隔地にある蒸留所などでよく用いられています。欠点としては値段が高いことと、投入するときに水和作業が必要になること。日本のような島国では海外の酵母メーカーからの輸送に時間がかかるため乾燥酵母もよく利用されます。

ウイスキーの場合、雑菌による麦汁の汚染を防ぐため、大量の酵母を投入する必要があります。また、ビールなどと違い、発酵したあとは酵母を回収せず蒸留することを考えると、ウイスキー製造における酵母のコストに占める割合は大きいものがあります。そのため、前の仕込みの麦汁を使って酵母を培養する方法が採られることもあります。

いずれにしても蒸留所の設備や環境に依存する部分があるため、状況に応じて適した酵母を選択することになります。また、酵母の菌株によって、得られる香味は全く違いますので、様々な酵母を組み合わせたり、テロワールの観点から地元由来の酵母を培養し使用したりする蒸留所もあります。

乳酸菌の働き

ウイスキーはビールと違って、煮沸していない麦汁を発酵させます。麦芽に含まれる乳酸菌などの様々な菌のなかで発酵が行われるので、それらの菌に負けないように大量の酵母を投入し、酵母の増殖を圧倒的優位にします。これによりアルコールや香味が生まれるのです。

発酵を終えた酵母は時間経過とともに死滅していき、今度は乳酸菌が増殖していきます。乳酸菌といっても様々な種類があり、それらのなかでも時間経過とともに優勢になるものが変わっていきます。

ここで大事なことは、ウイスキーは「酵母だけではなく、乳酸菌など様々な菌が相互に働くことで豊かな発酵が行われる」ということです。木桶を用いたり、発酵温度を一定にせず、低い温度からスタートして33℃くらいの高温まで段階を踏んで発酵させたりするのも、様々な菌を活躍させ、豊かな発酵を行うためです。また、発酵期間が長くなるほど酸度が上がりやすくなります。どの時点で蒸留へと移るかは、それぞれの蒸留所の考え方次第です。なお、一般的に発酵は3～5日行われ、この時点でアルコール度数は7～8％になります。

コラム◆ビールを蒸留するとウイスキーになる？

ウイスキーとビールは、蒸留酒か醸造酒かという大きな違いはあるのですが、どちらも穀物からできる酒であり、麦芽を糖化して発酵させるという基本的な工程においては類似した部分があります。ビールの醸造所が蒸留器を導入してウイスキー造りを始めることが多いのはそのためです。

ただ、ウイスキーとビールの仕込みにおける発想は、根本的に違うものです。その違いが特に現れるのが発酵の場面です。ウイスキーは前述のように、糖化した麦汁をそのまま使用しますが、ビールの場合は煮沸した麦汁を使います。生の麦汁には乳酸菌などの様々な菌がそのまま生きています。それに対して煮沸した麦汁は一度熱によってすべての菌が殺菌されるのです。

ビールは醸造酒であり、発酵した醪をそのまま飲用するため、クリアな飲み心地が求められます。一方でウイスキーは蒸留し、熟成させる工程があるため、雑味も含めたリッチな味わいのある醪を造り上げないと、蒸留や熟成を経たときに味わいが物足りないものになってしまいます。アルコール度数が高く、少量をチビチビ飲むウイスキーと、アルコール度数が低くビールのようにゴクゴク飲むお酒では、求められる酒質も違ったものになるわけです。

第1章などでは話をわかりやすくするために、ウイスキーとビールは穀物を醸造する工程が一部共通しているという説明をしましたが、実際にはビールにはビール、ウイスキーにはウイスキーの造り方が必要になるのです。

蒸留

醪の発酵が終わったら、いよいよ蒸留工程です。アルコール度数7～8%の醪を2回蒸留することでアルコール度数が約10倍の70%まで一気に上昇する、ダイナミックな工程です。純粋なアルコール自体は味気ないものなので、香り豊かなウイスキーを造り出すには、蒸留の過程で醪の中に含まれる香味成分を凝縮させ、回収することが重要です。そのために各蒸留所は釜の形や大きさ、加熱方式などで工夫をこらします。蒸留所ごとに違った形のポットスチル（単式蒸留器）を見ることができるのは、そのためです。前述したようにポットスチルの形状だけがその蒸留所の性格を決定づけるものではありませんが、ポットスチルは求める酒質を象徴する存在であり、それが蒸留所の〝花形〟とされる所以でもあります。

ウイスキー造りで使われるポットスチルは、必ず銅でできています。銅が熱伝導に優れ、かつ加工しやすかったということで歴史的に、あるいは経験則的に使われ続けているのです。なぜ銅でないといけないのか、ウイスキーの香りや味にどう影響するのかについては長らくわかっていませんでしたが、近年になって、その科学的な理由が明らかになっています。それは簡単に言えば、銅による硫黄《いおう》化合物の捕捉《ほそく》効果が重要だということです。醪に含まれる硫黄化合物は少量でも強い臭いをもち、ウイスキー本来のフルーティーさやクリーンな香りを覆い隠してしまうので、それを捕捉してくれる銅がウイスキー造りには必須だということです。

ウイスキーの蒸留に用いられるポットスチルは、基本的に2基一対となっていますが、これは初留と再留という2回の蒸留を、それぞれの蒸留器で行うためです。初留器は発酵した醪を蒸留するので泡があがりやすく、それを監視するためにネックに窓がついています。醪

ポットスチル

は蒸留されることでアルコール度数が約3倍の約20%になり、初留液は醪量の3分の1になります。そのため初留器は再留器よりも大型になることが多いです。再留では一度蒸留された初留液を蒸留するため、泡立ちは小さくなるので、ネックに窓はありません。

ポットスチルの首の形はストレート型、ランタン型、バルジ型などがあります。香味のリッチさは「ストレート→ランタン→バルジ」の順で強い（つまりバルジ型がライトになる）とも言われますが、実際は首の形よりも、蒸留器の大きさやネックの高さ、ラインアームの向き（上向きか下向きか）の影響のほうが大きいです。基本的には、蒸気となったものが液化して釜内に戻る量が多いほど、ライトな香味になりやすいといえます。そのため、蒸留速度が速い（加熱強度が高い）ほど、リッチになりやすいですし、ゆっくり蒸留をすればライトな味に振れます。

もちろんポットスチルの形状だけでなく、それまでの発酵の仕方や、蒸留の仕方、蒸留器の加熱方式によっても香味は複雑に影響されます。加熱方式にもいろいろあり、大きく直火《じかび》式と蒸気式に分かれますが、最近では電気式というものもあるようです。〝花形〟の蒸留器は目立つ存在ですが、目に見える形や先入観にとらわれることなく、純粋にウイスキーを味わいたいものです。

樽詰めと熟成

２回の蒸留を経たのちに、樽詰めに進みます。とはいえ、再留で蒸留された全量を樽詰めするわけではありません。再留で最初に出てくる前留（ヘッド）と終盤に出てくる後留（テイル）は使用せず、合わせて余留として、次回の再留時に初留液と混ぜて再度蒸留に回します。中留液（ハート）と呼ばれる、中盤に出てくる部分だけを樽詰めしていくのです。

中留液は加水することで、樽詰めする度数に調整します。この度数をカスクエントリーといい、樽詰め前のウイスキー原酒をニューメイクやニューポットと呼びます。

ニューメイクは、これからウイスキーに成長していくための遺伝子をもっているものですが、熟成前なので当然、無色透明です。樽の影響がない分、ニューメイクの味はその蒸留所の個性がストレートに示されたものといえます。荒々しく未熟な香りが強く、そのまま飲んでも美味《おい》しくはありませんが、蒸留所の個性をつかんだり、熟成後の品質を占う重要な指標になるものです。

樽詰めするときの度数によって、樽から溶け出してくる香味が変わってきます。スコットランドでは伝統的に63・5％にすることが多いですが、加水せず、そのまま樽詰めする蒸留所もあり、各蒸留所の考え方によって度数は様々です。湿度の高い日本では熟成によって度数が下がる傾向があるため、長期熟成を念頭に置いている場合は度数を高めにすることがあります。樽詰め度数が低いと味がつきやすく熟成が早く進むという考えもありますが、その分だけ必要になる樽が多くなり樽代がかさんでしまいますので、蒸留所のフェーズやスタイルに合わせて計画的に樽の構成を決めることが大切です。

ウイスキーの樽は、主にバーボンウイスキーに使用されたバーボンバレル、シェリー酒が入っていたシェリー樽の他、もちろん新樽もあります。どんな樽を使うかを決めるときに検討すべきポイントは様々あります。樽材の種類、樽の大きさ、内面の焼き具合、以前にどんな酒が入っていたかの履歴、何回使用されそれぞれの期間はどれぐらいだったのか……等を考慮しながら使い分ける必要があります。大きな樽や使い込まれた樽の場合は熟成がゆっくりになるので、たとえば「操業初期」というフェーズにある蒸留所の場合は容量200リットルのバーボンバレルに一度使われた樽（ファーストフィル）を主に使用し、その後、容量500リットルのシェリーバットを使用したり、バーボンバレルのセカンドフィルやサードフィルを使っていくようにする、といった感じです。

ウイスキーは少なくとも3年間樽で熟成しないといけませんので、その間、蒸留所は試行錯誤を続けることになります。結果が出るのが先になるため、未来を想像しながら先手を打って改良を続けていくわけです。……こう書くと、ウイスキー造りには非常に綿密に計画を立てなければならないように感じるかもしれませんが、そんなことはありません。所詮《しょせん》人間の思う通りに物事が進むことはないからです。ある程度どんな状況になっても対応できるように、ゆとりをもって大胆かつ柔軟に計画を実行していくスタンスを持っているほうがいいと思います。

ここまででウイスキーを仕込んで樽詰めするまでの工程をひと通り説明しましたが、仕込みを約1週間で行うのに対して、熟成の期間は最低で3年以上と、製品として完成するまでの期間の99％以上を占めます。人間の手の入れられる部分は1％未満と少ないので、だからこそ蒸留所としてもそこに全力を注ぐことが大事になってきます。熟成中は人知の及ばない、ある意味で神任せ、自然任せの領域になります。そしてそのような一種の鷹揚《おうよう》さが必要になるところもウイスキー造りの魅力なのかもしれません。

ブレンド

本章の最後に、「ブレンド」の工程について解説します。

ウイスキーのブレンドという工程はなんとなく秘密のベールに包まれているように感じる人がいるかもしれません。また、それを行うブレンダーもどこか神格化され、憧《あこが》れの職業というイメージを持っている方もいるのではないでしょうか。

ここで言っておきたいのは、「ブレンドに魔法はない」ということです。私もブレンダーの一人ですが、ポテンシャルが低い原酒であっても組み合わせによって全く新しいすごいウイスキーを生み出すような、そんな魔法は使えません。

ブレンドは地道な作業の繰り返しです。あくまでも土台は原酒の持ち味であり、その備えている香味を引き出したり、抑えたりすることで製品を造り上げていきます。全くの無から有を造り出すことはできません。その意味で、ブレンダーは料理人と似た面があるかもしれません。同じ野菜であっても、自然の素材にはそれぞれに味や香りにばらつきがあるものです。料理人は、その時々で素材を見極め、個性を把握し、どうすればそのポテンシャルを引き出すことができるかを考えます。ブレンダーも同じで、一つとして同じものがない自然の素材に向き合い、試行錯誤しながら、目標としている味を目指しているのです。

そもそもなぜブレンドをするのかといえば、次のような目的・意義があるからです。

①新しい製品の開発
②供給のロットの確保
③製品のコンセプトの維持

新しい製品を開発する際には、様々な種類の原酒が必要になります。原酒となるものは、既に使用できるもの、これから育ってくるもの、外部調達が可能なもの、今後手に入れることができなくなるものなど、時期によって状況は様々です。しかも、製品を開発する際、市場の需要を満たすような供給量を確保するためには、ある程度のロットが必要になります。そこで、複数の樽を組み合わせることで、新しい製品を開発しつつ、供給量の確保もできるようにするわけです。

また、定番商品として製品を維持するには、製品のコンセプトをぶれさせないことが必要になりますが、ここでもブレンドが役立ちます。ウイスキーの原酒はすべて違った味をもっていますが、それらを組み合わせることで、ある程度同じような一定の香味を造り出すことができるようになるのです。

ブレンドの流れ

ブレンドの流れを簡単に紹介しましょう。

小規模の蒸留所の場合、ブレンダーはマーケティングや樽の在庫管理についても兼務することが多く、将来を見通しながら次のような流れで商品開発を行っています。

①どのターゲットにどんな商品を訴求したいかという製品のコンセプトの決定
②価格と度数および使える原酒の幅やグレーン比率の決定
③商品のイメージと味のイメージのすり合わせ
④原酒のサンプリングと選定
⑤試作ブレンドの作成と評価および修正
⑥供給可能量と期間の算定
⑦実生産の調合
⑧市場の反応とできあがりの香味の確認によるフィードバック

スムーズにブレンドを行うには、普段からどういう原酒があるのかを把握しておく必要があります。そのために年1回以上は、3年以上熟成した樽に関して、サンプリングとテイスティングを行います。時期としては、ウイスキーの変化が大きい夏が終わってから行うことが多いです（年1回の場合）。原酒を3倍量に希釈し20％ぐらいの度数に調整し、蓋《ふた》つきのグラスを用いて官能評価を行います。そうして樽ごとの原酒の成長を確認しながら、どのような製品に使っていくかクラス分けをします。

クラス分けの一例をあげると、

・シングルカスク向け：単体で十分な香味と奥深さをもつ。完成度もしくは突き抜けた個性を備える

・トップドレッシング向け：香りが強いもののボディが弱い

・メインとなる原酒：香りはあり、ボディも中庸なタイプ

・スパイス的な原酒：突出した個性をもち、少量で大きな影響を及ぼすもの、使い過ぎ注意といった感じです。ブレンダーは常に使える原酒を頭にストックしておき、その一方でいざという時の埋蔵金となるような原酒を手元に育てておく必要があります。その引き出しの多さがブレンダーとしての力量となります。

ブレンダーになるには

ブレンダーには経験が求められます。さまざまなウイスキーを自分の中にカテゴライズして蓄積させておく必要もあります。ある程度の官能の鋭敏さは必要ですが、それよりも経験による積み重ねがより重要な世界なのです。そのため、普段からウイスキーに限らずさまざまな種類の酒や香味に興味をもって、触れていることが役に立ちます。

また、ブレンダーはウイスキーをブレンドするだけでなく、商品の魅力を消費者に伝えるアンバサダーの役割も担います。そのためには自分の経験や感覚を他人にわかりやすく伝える能力も必要です。そして何よりも、ウイスキーの楽しさをより多くの人に知ってもらいたいという強い想いをもっていることが大事だと思います。

第2部　蒸留所を造り、熟成させ、未来につなぐ

第６章　蒸留所の再興——若鶴酒造の歴史とクラウドファンディング

第１部でもたびたび触れましたが、私は２０１５年からウイスキー造りに携わるようになりました。本章から始まる第２部では、私が実家の若鶴酒造に参画してから、一度廃れてしまっていたウイスキー蒸留所を再興するまでを振り返ります。

私が実家に戻った頃は、日本のウイスキーが盛り上がりを見せ始めて、クラフトウイスキーの蒸留所が次々に建設されようとする黎明期《れいめい》にありました。当時の様子を振り返ることで、クラフトウイスキーがどのように興り、そして今のムーブメントにつながっていったのかを理解することができます。そして、クラフトウイスキー蒸留所の立ち上げ（再興）に必要な起業家精神や、そうした活動を通して地方創生に果たす蒸留所の役割にも触れていければと思います。

逆境のなかでこそ、投資する——曾祖父の起業家精神

最初に私のルーツである若鶴酒造の歴史について紹介させてください。

越中の豪農が加賀藩の免許を受けて酒造りを始め、「若鶴」という酒が生まれたのは江戸時代も末期の1862（文久2）年。それを1887（明治20）年頃、地域の豪農である桜井《さくらい》宗一郎《そういちろう》の一族が継承して、富山県砺波《となみ》市三郎丸で酒造業を営みはじめました。さらにこれを1910（明治43）年に初代稲垣小太郎《いながきこたろう》が譲り受け、長男彦太郎《ひこたろう》（私の曾祖父《そうそふ》である2代稲垣小太郎）を片腕に経営にあたったといいます。当時、日本酒の消費は低迷しており、製造設備もなく免許だけが遊んでいた状態だったため、製造設備もすべて一から揃《そろ》える必要があったそうです。

2代稲垣小太郎

そのころの稲垣家は旅館を経営し、「和洋酒類味噌《みそ》醤油《しょうゆ》」の問屋も営んでいたといいます。販売業からメーカーへの転身、しかも消費がどん底の時代に設備もなく未経験の事業をスタートさせるという大きな賭けでしたが、技術の向上と施設の改善に努めた結果、酒

造業界の好況もあって業績を伸ばし、1916（大正5）年には造石高1200石余（約216キロリットル）にまで伸張しました。その後の第一次世界大戦は日本に未曾有《みぞう》の好景気をもたらしました。酒類の需要も急激に伸びたため、1918（大正7）年に若鶴酒造株式会社を設立しました。

翌年は大戦景気の爛熟期《らんじゅくき》であり、全国清酒造石高が新記録を樹立するも、さらに翌年の1920年には大暴落。しかし曾祖父はこの反動不景気の時にこそ設備の拡充強化を行うべきと考え、工業用地の拡張、倉庫・付属建物の増築、近代的な精米設備の導入をはかりました。また、その頃から東京を中心とする中央市場への進出も始めています。全国的に酒造業界が低迷していた一方で、設備改善の効果も現れ、名実共に北陸第一の酒造会社となりました。

しかし、1927（昭和2）年に起こった金融大恐慌によって、若鶴酒造は創業以来最大の苦難に陥りました。苦境を脱出するため、巨費を投じて清冽《せいれつ》な地下伏流水の汲上装置を完備して品質改良に努め、また、新しい販路を開拓。このように若鶴酒造の経営においては「逆境の中でこそ投資をする」ということが創業期から一貫しており、それは曾祖父2代稲垣小太郎の精神を表したものでもあります。一時は不況により掛金の回収ができず、小太郎自身が東京で回収に奔走することもあったようですが、従来の関東、東海地方のほか、新たに樺太《からふと》方面にまで市場を拡大した結果、売上高はうなぎ登りに伸長していきました。

戦後の米不足のなかで蒸留酒に挑戦

家業の来歴の説明が続いてしまいますが、もう少しお付き合いください。

1939（昭和14）年に第二次世界大戦が始まると、食糧管理法により米が統制され、酒造業界は厳しい状況に置かれます。また、1945（昭和20）年8月1日の富山大空襲、その後の終戦と米不足によって、日本酒を造ることのできない、追い詰められた状態にありました。そこで2代稲垣小太郎が目をつけたのは、米以外の原料からアルコールを作り出す方法です。

発酵を専門とする技術者探しを始め、出会ったのが、満洲《まんしゅう》から引き上げてきた深沢重敏《ふかざわしげとし》氏でした。深沢氏は、キッコーマンの工場長を務めた経験から、発酵に深い知見を持った人物です。深沢氏を技師として迎え入れ、1947（昭和22）年に若鶴醱酵《はっこう》研究所を設立します。まず、統制外であった菊芋を庄川《しょうがわ》の河川敷で栽培し、アルコールを取り出すという研究から開始。1949（昭和24）年2月には焼酎《しょうちゅう》の、さらに翌年には「雑酒」の製造免許を取得します。

そのころは、ビールとワイン以外の洋酒は「雑酒」としてひとまとめにされていた（第2章参照）ため、その製造免許を取得したということです。酒税法の改正により、雑酒免許がウイスキーと甘味果実酒の製造免許に分かれたのは1952（昭和27）年7月です。

なお、若鶴酒造では「雑酒」の免許を取得した1950年からウイスキーの製造を行っていたのですが、ややこしくなるため、ウイスキー製造免許取得の1952年を若鶴酒造でのウイスキー事業の操業年としています。

サンシャインウイスキーの発売、そして火災

1953（昭和28）年春、若鶴酒造が初めて発売したウイスキーが「サンシャインウイスキー」でした。その名称は公募により決まったものです。当時は瓶の資材が貴重だったようで180ミリリットルのポケット瓶はサントリーのトリスの瓶、500ミリリットルの瓶はニッカのレアオールドの瓶、そして1800ミリリットルは一升瓶を使用していたことが、当時の仕入帳簿からわかっています。まさに、戦後の混沌《こんとん》とした状況を想像させるエピソードです。

そうして蒸留酒部門へ力を入れ出した矢先、1953（昭和28）年5月11日夜、蒸留室から出火した火災によって、工場、食堂、会館、研究室、寮、原料倉庫、のべ6棟、約635坪が全焼しました。しかし、そこから地元の方々の支援もあり半年もかからず工場の再建に成功し、若鶴酒造は火災からの再出発を果たし、蒸留を再開。その復興スピードは現代から

若鶴酒造の過去のウイスキー。右下はサンシャインウイスキーのポケット瓶

見ても恐ろしく速いものです。おそらく、曾祖父は過去を振り返ることもなく、未来を見据えて行動をし続けていたのだと思います。

北陸コカ・コーラボトリングの設立

1961（昭和36）年にコーラ飲料用調合香料の輸入が自由化されると、全国各地でコカ・コーラボトラーの設立の動きが現れてきました。曾祖父の2代稲垣小太郎も、コカ・コーラのボトラーを目指した一人ですが、関心を持った理由の一つには、若鶴酒造が戦前、サイダーの製造に携わっており、清涼飲料に強い関心を抱いていたということがあったようです。

曾祖父は懇意にしていた読売新聞社の正力《しょうりき》松《まつ》太《た》郎《ろう》社主に相談したそうですが、当初は

「あんなクスリ臭い飲み物を日本人は飲むかネー、考えものだよ」と、否定的だったようです。ただ後日電話で、「案外有望な事業かもしれません、やってみられたらどうですか」と後押しを受け、コカ・コーラを手掛けることを決断しました。当時、70歳を超え、馴染《なじ》みのないコカ・コーラの事業に将来を見出した曾祖父の先見の明と起業家精神には驚かされます。1963（昭和38）年には若鶴酒造の敷地の一角に北陸コカ・コーラボトリング株式会社が設立されました。

一方で若鶴酒造は短期間で大型の設備投資を行い、生産体制を確立し、「大量生産大量消費」の時代に対応し、ピーク時には約1万8000石（約3240キロリットル）まで売上を伸ばしました。しかし、そこから日本酒の消費はどんどん落ち込んでいきます。高度経済成長の終わりとともに大量消費の時代も過ぎ去り、嗜好《しこう》が多様化したことで日本酒離れも進みました。若鶴酒造もまた、その規模の大きさから時代に対応できず、だんだんと売上を落とし、抜本的な改革ができないまま、私が子どもの時にはすでに赤字が常態化していました。

私がIT企業からウイスキー事業に転じた理由

私は大阪の大学の経済学部で学び、卒業後は東京のＩＴ企業に就職しました。都会での生活は刺激に満ちていたのですが、どこか漠然とした焦燥感が常にありました。組織が大きくなるにつれ、自分一人でできることは限られていきます。そんななかで自らの手で形ある「モノ」を生み出したいという気持ちが大きくなり、２０１５年に富山県に戻る決断をしました。

今思えば、戻ってきたときの若鶴酒造は、リスクを冒したり投資をしたりすることがなく、何事かに挑戦をしようとする雰囲気はありませんでした。ウイスキー造りは夏場にのみ細々と続けられていたものの、昔ながらのやり方が繰り返され、漫然と仕込みが行われていました。もちろん、どのようなウイスキーを目指すのかという明確な目標はありませんでした。

そもそも私がウイスキーを初めて飲んだのは大学生の時です。父の影響もあり、山奥に入ってイワナを狙う渓流釣りが子どもの頃からの趣味で、大学でも「釣部」に入部しました。釣部がある大学は珍しいと思いますが、体育会の部で半世紀以上もの伝統があります。その部のなかでも渓流班は、30キロ近い荷物を背負って沢に入り、釣りをしながら魚を調達し、10日間ほど野営をしながら沢登りをするなど、非常にハードな活動をします。若鶴の日本酒を背負って山に入っていた時期もあるのですが、日本酒はアルコール度数が低いため、量が必要になり、どうしても荷物の重量がかさんでしまいます。そこで次第に、よりアルコール度数が高く、持っていく量を抑えられるウイスキーを持参するようになりました。野営の際にはウイスキーを飲みながら、焚火《たきび》にあたって夜を過ごしたのです。

では、そのころ若鶴で造られたウイスキーを持っていき、飲んでいたかというと、そうではありませんでした。稲垣家では大学生の冬に酒造りの手伝いとして蔵に入り、若鶴酒造の歴史や酒造りについても学ぶのですが、私はそこで初めて若鶴でウイスキー造りが行われていることを知ったくらいです。当時は建屋も老朽化していて、「製造工程を是非見てみたい」と言っても、危険だから入れられないと言われるほどでした。そうしたことから、若鶴のウイスキーに対する情熱を感じられなかったため、山にも別のメーカーのウイスキーを持って行っていたのです。

もちろん、当時は貧乏学生でしたので銘柄の違いなどわからず、単純に「ウイスキーというお酒」として飲んでいました。そうして、若鶴のウイスキーのことは記憶の片隅においやられていきました。

私が富山に戻ってきた2015年は、その兆しはあったものの、まだ現在のようなウイスキーブームという感じではありませんでした。ハイボールのリバイバルから連続テレビ小説『マッサン』の放映により、少しずつ人気が上がりつつあった、というくらいの時期です。当時はクラフトウイスキーの蒸留所も計画段階のものが発表されるぐらいで、大手含めてもモルトウイスキーの蒸留所は約10か所程度でした。

その頃の若鶴酒造は前述のサンシャインウイスキー、昔でいうところの二級ウイスキーを主に販売していました。その売上は2000年代の低迷期から徐々に回復しはじめていましたが、当時の若鶴酒造の売上に占める割合は約5％に過ぎず、ウイスキー原酒の仕込みも、日本酒が造れない夏の間のみ、1週間に1回あるかないかという状態です。樽《たる》は樽熟成焼酎とウイスキーで何十年も使いまわされており、新しい樽の仕入れも行われていませんでした。

2000年代の焼酎ブームの際にはもっぱら焼酎を仕込んでおり、熟成年数の長い原酒はどんどん減っていく状態にありました。近年造られた原酒は、焼酎用のステンレス蒸留器で減圧蒸留されたもので、黒ゴムが焼けたようなタールの香りがする、お世辞にもおいしいとはいえないウイスキーでした。今ならその原因が、蒸留時に銅と接触しなかったことによる硫化水素臭であるとわかりますが、当時は今ほどウイスキーの知識が広く知られておらず、製造している社員自身も疑問に思わず生産が続けられていました。

曾祖父が蒸留した1960年のモルト原酒に感動

ウイスキー事業を今後どうしていくか決めかねていたとき、帳簿の記載から1960（昭和35）年蒸留の若鶴モルトが残されていることを知りました。社員に聞いてみるとあまりにも古いウイスキーのため、もう飲めないのではないかということで、ずっと蔵から出されずに置いてあったものだといいます。そこで、サンプルをとって飲んでみました。

脳天を突き破るほどの衝撃がありました。長い時代を乗り越えてきたまろやかさと長い余韻、そしてお香を焚きしめた仏壇を思い起こさせるどこか懐かしくなる雰囲気。一つのウイスキーを通じて、曾祖父の生きた時代と曾孫である私が生きる現代がつながったような感覚を覚えました。飲み物や食べ物で半世紀以上の時を越えて次の世代に受け継がれるものはめったにありません。これを機に、自分が創りたかったのはこういうものだ！　と明確にイメージできるようになったのです。

蒸留所再興プロジェクト

どうすれば曾祖父が始めたウイスキー事業を復興できるのか。

危ないから近づくなと言われていた蒸留所は言われた通り、窓は割れ、床は抜けるなどして廃墟《はいきょ》になる一歩手前です。雨漏りもひどく、辛うじて仕込みのエリアだけ屋根が修理され、なんとか維持されている状態でした。このままではウイスキー造りを継続するのは難しい。

しかし、曾祖父がここからウイスキー事業を始めたのだと思うと、その歴史も含めて後世に伝えていきたいという思いもこみ上げました。

ただ、建物を修復・改築し、本格的にウイスキー製造に取り組むには莫大《ばくだい》なお金が必要になります。このときに頭をよぎったのが１９６０年蒸留の曾祖父が造った原酒です。この原酒を商品化することで、曾祖父がかつて志したウイスキーへの想いをみんなに知ってもらい、その売上で蒸留所を立て直すこともできるのではないか。今考えると無謀ですが、当時はまだウイスキーの知識がなかったことから、思い切った発想をすることができました。

歴史調査を経てよみがえった地域の記憶

商品化にあたり、まずはどのような状況で原酒が造られたのかを知るために、若鶴酒造におけるウイスキー造りの歴史から調べ直す必要がありました。

創業時のウイスキー造りを知る当時の社員はすでに亡くなっていて、長年働いてきた社員のなかにも当時のウイスキーについて知る人はいませんでした。手元に資料としてあるのは、１９８０年代の地ウイスキーブームの頃に書かれた『痛快！地ウイスキー宣言』と、１９６３年に書かれた曾祖父の半生記『風雪50年』のみ。ファイリングされていた写真やラベルも、いつの時代のものかがわからないバラバラの状態で残されていたため、整理する必要がありました。

図書館に籠《こも》り、当時の新聞や決算書を調べていくと、前述のように、曾祖父小太郎が戦後の苦難の中で蒸留酒へ挑戦をしたことや、やっとの思いで1953年にウイスキーを発売した矢先に蒸留所が火事になり大きな被害を受けたことがわかりました。また、半年もかからずに地元の方々の協力を得て復興を果たしたことも書き残されていました。調べていくなかで、当時のことを記憶していた地元の方に出会うこともでき、いかに若鶴酒造が地域に愛されていたかを聞くことができたのも幸運でした。火事からの復興の様子や、地元の方にお話をうかがうことを通して、「地域のおかげで今の若鶴酒造があり、そして自分がいる」ということを痛感。また、蒸留所を復興する際には地域に貢献できるものにしよう、地域が誇れるようなブランドにしようと決意を新たにしたのです。

私は集めた資料を整理しながら、まずは年表を作成。撮影年代がわからなかった写真は、調べたことをもとに年表に当てはめていきました。そうすると、現在の蒸留所はもともと、敷地の入口の近くにあったことがわかりました。さらに調べてみると、その以前は富山市の不二越《ふじこし》の工場建屋であり、軍需産業に指定された不二越が工場拡張のために既存の建屋を払い下げた際に曾祖父が購入し、戦前に三郎丸に移築されたものであることもわかりました。曾祖父は戦後にその建物のなかでウイスキー造りを始めたのです。そして1960（昭和35）年に若鶴酒造は用地を拡張し、蒸留所は敷地の奥にさらに移設され、現在の位置となりました。曾祖父の原酒はその移設した初めての年に蒸留されたものだったのです。

おぼろげながら若鶴酒造の歴史がわかってきましたが、どれだけ調べても一つだけわからないことがありました。それは初めてのウイスキーである「サンシャインウイスキー」の命名者です。事実として判明しているのは公募で決まったということだけで、誰がどのような思いで名付けたものだったのかはわかりませんでした。後年、一通の手紙からこの謎に対する答えが明らかになるまでは、不明のままだったのです。

「三郎丸」誕生――1本55万円のウイスキーに4倍の応募

三郎丸 1960

私が戻ってきた2015年には、若鶴酒造では二級ウイスキーのような廉価なウイスキーも、シングルモルトのような高付加価値のウイスキーも、「サンシャインウイスキー」という同一のブランドで販売していました。これでは消費者にとってわかりにくいだけでなく、ブランドとしても価値を高めることはできません。

私は、シングルモルトは蒸留所のコンセプトを体現したものであり、象徴であるべきだと考えていました。そこで、新たにシングルモルトのブランドを打ち立て、それを、生まれ変わった若鶴のウイスキーの象徴にしようと考えたのです。１９６０年の原酒は私のウイスキーの原点でもあり、ブランドを打ち立てる最初のウイスキーとして最もふさわしいものでした。

シングルモルトはその蒸留所だけで蒸留され熟成された地の酒であり、蒸留所の核となる重要な商品です。また、ブランドの確立にあたっては蒸留所の名前やウイスキー自体の名前も重要な要素です。富山蒸留所とするか、砺波蒸留所とするかなどと考えていたとき、頭の中に浮かび上がってきたのが、火事からの復興に尽力いただいた三郎丸地域の人々のことでした。蒸留所の象徴であるシングルモルトの名前は地元の名称である「三郎丸」以外ありえない。蒸留所の名前も三郎丸蒸留所として、世界に愛され、地元に誇れる蒸留所としようと思ったのです。

そうして、様々な北陸の工芸の技術を組み合わせ、出来上がったのが「三郎丸１９６０」です。夕陽《ゆうひ》に照らされて輝く水田をイメージした富山ガラスのボトルは、非常に洗練され、美しいものでした。富山の雪を思わせる手削りの部分は手触りもよく、重厚感があり、貴重なウイスキーを収めるのにふさわしいものです。ラベルには五箇山《ごかやま》和紙を使い、「三郎丸」の筆文字は高岡市の書家の黒田昌吾《くろだしょうご》さんに揮毫《きごう》いただき、箱を結ぶ真田紐《さなだひも》は金沢《かなざわ》市の加賀錦《かがにしき》袋紐を使用、桐箱は九谷《くたに》焼の産地である小松《こまつ》市で製作しました。北陸の地に今まで受け継がれてきた伝統を身にまとったウイスキーが誕生したのです。

様々な協力を得て完成にこぎつけましたが、販売価格については最後まで悩みました。当時の若鶴酒造のウイスキーは全くの無名でしたし、焼酎用の蒸留器で蒸留され少量リリースされていたシングルモルトの評判も芳しいものではありませんでした。しかし、この三郎丸１９６０は曾祖父が手掛け、銅製の蒸留器で蒸留されたものであり、それらとは一線を画したものです。しかもちょうどその頃、同じ年に蒸留された「軽井沢１９６０」というウイスキーが香港のオークションで１４３０万円で落札されていました。日本でも最長熟成に属する三郎丸１９６０の価値をどのように伝えるか、非常に悩ましい部分でした。

そこで私は、覚えやすさ・熟成期間の伝わりやすさを考慮し、１９６０年からボトリングの前年２０１５年までの期間（55年）の1年を1万円として、55万円に値付けしました。若鶴酒造において過去最高額の商品であり、社内でもどれぐらい需要があるのかいぶかしがる向きもありましたが、曾祖父の残したウイスキーの価値が認められる自信はありました。

いよいよ第1回の抽選販売（手吹きボトルであり、一度に作れる数に限りがあったため数量限定となった）を行ったところ、なんと販売数の4倍もの応募。自信はあったとはいえ、想定以上の反響となって驚きました。なにより、曾祖父が始めたウイスキー事業を多くの人に知ってもらえ、認めてもらえたことをうれしく思いました。

蒸留所の見学施設化とクラウドファンディング

三郎丸１９６０の発売がうまくいったことで、社内の空気も変わりつつありました。それと同時に地域の人々のなかにも、若鶴酒造のウイスキー造りを初めて知ったという人も増えていきました。逆に言うと、70年近い歴史がありながら、地元の人にさえウイスキー造りをしていることがあまり知られていなかったということです。悔しく思うとともに、おかげで、若鶴酒造がこれまでウイスキー造りの様子を公開してこなかったという問題点にも思いいたることができました。

そこでまず取り組んだのは、蒸留所の掃除を社員全員で行うこと。不要なものは整理し、床を磨き上げます。まだ雨漏りのするところもある、ぼろぼろの状態ではありましたが、蒸留所の中を見てもらえるようにきれいにしていきました。

ただ、安心して見て回ってもらうためには、できるだけ早く蒸留所を改修する必要があることには変わりありません。三郎丸１９６０の売上である程度のキャッシュを得られたものの、蒸留所を修復し、蒸留器を銅製に改造するには、優に1億円を超えるお金が必要でした。

そこで次なる手として思いついたのが、クラウドファンディング（以下ＣＦ）によって蒸留所を改築し、ウイスキーファンが見学できるようにすること。とはいっても、現在と違って2016年当時はCFが世の中にまだ浸透していませんでした。本当にプロジェクトを実現できるのか、勝算はありませんでしたが、とにかく取り組み始めてみたのです。

そこからの準備は大変なものでした。キュレーターにアドバイスをもらいながら、CFのリターン（お返し）にすべく、地元の業者に三郎丸の樽材でコースターや椅子を作ってもらったり、錫《すず》でスキットルを作っていただいたり……、リターンの作成一つひとつがそれだけでも大きなプロジェクトになるような取り組みです。そうした試みを積み重ねて、満を持して2016年9月にCFのページをオープンします。

最初は知名度の不足もあり全く支援が集まらず、苦しいスタートでした。毎日のように自治体や経済団体を回り、蒸留所見学案内に立ちながら、プロジェクトの説明を繰り返しました。

当時は夜も眠れず、焦る気持ちだけが募っていきましたが、幸運にも巡り合いました。プロジェクトへの取り組みが新聞に掲載され、それを見た福井県のアイシン・エィ・ダブリュ・アイ・エスの慶家昭《けいやあきら》社長（当時）から協力したいと連絡をいただけたのです。一度も会ったことのない方からの支援はありがたく、身に沁《し》みました。それからは続々と支援が集まるようになり、最終日の2016年11月30日には463人の方から合計3825万5000

円もの支援をいただき、目標を達成することができました。結果的に当時の日本のＣＦの中でも歴代５位に入るような規模のプロジェクトとなったのです。

蒸留所の改築準備

ＣＦの達成により、蒸留所の改築の目途が立ち、また目標金額を大きく超えたことで、ミル（粉砕機）の導入も決まりました。

ミルは本場のスコットランドや日本のクラフトウイスキー蒸留所でも実績のある４ロールのアランラドック社のものを使いたかったのですが、日本には代理店がないため、直接輸入することになります。これが予想外に大変でした。食品に触れる機械を輸入する際は非常に厳格な検査があり、日本の他の蒸留所で実績があるからといっても簡単にはいかなかったのです。たまたま私の弟が自動販売機の輸出などの仕事をしていたため知見があり、助けてもらうことができましたが、自分一人ではとても対応できなかったと思います。やっとのことでミルが蒸留所に届いたときは感無量でした。

また、蒸留器の改造にも着手します。

本格的なウイスキーを仕込むには銅製の蒸留器が必須ですが、それまで使用されていた蒸留器は約30年前のものでステンレス製でした。これを銅製に改造するわけですが、その頃は蒸留器のどの部分がどのような成分に対して影響を与えるのかはあまりよくわかっておらず、どこを改造すればいいかが不明でした。そこで、ミニサイズの蒸留器で実験をしてみました（第7章で詳述）。すると、蒸気が触れる部分が銅製であることが重要なことがわかったのです。これで既存蒸留器の首の部分と冷却器の部分を銅製に改造するという方針が定まりました。

ところが、蒸留器を制作したメーカーに連絡しようとすると、すでに廃業されていることがわかり、図面も入手することができませんでした。設計図がない以上は現物を分解して図面をつくるしかない……。そう思っていたところ、醸造機器の会社から紹介されたのが大阪にあるケミカルプラント社の酒井《さかい》博也《ひろや》社長でした。酒井社長は単身で海外に乗り込んでアルコールプラントの立ち上げなどもする、蒸留器のエキスパートです。

蒸留器を銅製に改造する際、地元の伝統工芸である高岡銅器の技術をとりいれたいと思っていました。富山県・高岡は日本有数の銅器の産地であり、日本の銅器産業に占める割合は9割以上と大きなシェアを持っているのです。しかし、高岡銅器の製法と従来のポットスチルの製法には大きな違いがありました。従来のポットスチルは「鍛造」といって、銅板を叩《たた》いて曲げ、溶接して作られます。対して高岡銅器はほとんどが、溶かした銅を型に流し込んで作る「鋳造」です。このとき抱いた、「ポットスチルがなぜ鍛造で作られていて、鋳造ではないのか」という疑問が、後に世界初の鋳造製ポットスチル「ZEMON（ゼモン）」の発明に結びつくのですが、それはもう少し後の話です（第7章で後述）。

このときは蒸留所の稼働まで時間がなく、富山で数少ない板金の職人の方に蒸留器の一部を銅製で造ってもらうことになりました。蒸留器のオーバーホールや改造については酒井社長が全面的に監修してくださり、念願の銅製蒸留器への改造が完了したのです。

蒸留所オープン、五感で感じる蒸留所へ

半年以上かかった工事もやっと終わり、2017年7月13日、三郎丸蒸留所は新たなスタートを切ることができました。

改修式典ではハギスセレモニーが行われ、私もキルトを着て、ウイスキーベアラー（ウイスキーを運ぶ役割）として参加しました。ハギスとはスコットランドの伝統料理で、茹《ゆ》でた羊の内臓などをミンチにし、そこにオート麦や玉ねぎ、刻んだハーブ、牛脂を加え、羊の胃袋に詰めて加熱したもので、特別な日にふるまわれます。その日の私は疲労から38℃の熱があったのですが、オープンを迎えられる嬉《うれ》しさに疲れも吹き飛んでいました。

こうして再スタートを切った三郎丸蒸留所の見学においては、五感で感じてもらうということを重視しました。見たり聞いたりするだけではなく、蒸留所でしか感じられない香りや

上は蒸留所前での集合写真（1954 年）。下は改修後の三郎丸蒸留所（2017 年）

味、そして熱を感じることで、ウイスキーをより深く理解し、記憶にとどめることができると思ったからです。そこで、見学スペースとしてガラスなどで仕切ることはあえてせず、オープンな空間にしています。

蒸留所のオープンからは、連日多くのお客様が見学に訪れてくれて、現在では年間に3万人近くの人が訪れる蒸留所になっています。

第7章　蒸留所の進化――ZEMONの発明、地元材での樽づくり

ここからは、生まれ変わった三郎丸蒸留所で取り組んだ、「地域とのウイスキー造り」について紹介します。クラフトウイスキー蒸留所は地域との関わりを通して、その地にインパクトをもたらすことができるのです。

優先順位を決める

２０１７年にスタートした新生三郎丸蒸留所でしたが、設備は一部改造したものの、基本的には既存のものを使っていました。古い設備を扱うことには大きな苦労が伴います。

例えばマッシュタンは半世紀以上前に自社で製造したもので、縦長で深さがあるため麦層が厚くなるものでした。濾過《ろか》性能が悪かったため、うまく濾過が進まない日は深夜まで残っ

て作業をする必要がありました。また、麦芽粕《かす》を排出するときは、狭いマンホールに入ってスコップや鍬《すき》などで取り出す必要があり、３人がかりで半日以上もかかる重労働になります。より高い品質で安定的に製造を行っていくためには、新しい設備を導入する必要があったのです。

限られた時間と人手、そして資金の中で、よりよいウイスキーを造るためには、優先順位を決めなくてはいけません。ゼロからウイスキー蒸留所を建てる場合であれば、必要な設備は一通りを一時にそろえられますが、古い蒸留所ではそうはいきません。既存の設備があり、しかも生産を続ける必要もあるため、一気に入れ替えをすることができず、生産の合間に少しずつ入れ替えを進めていくしかありません。

ウイスキーは「時間」が大きな価値をもちます。本来、お金と時間があるならば、一気に設備を入れ替え、質のいい原酒をより効率的に造れるようにするほうが早道です。しかし、特に日本酒の事業をやっていると、日本酒製造が歴史的に労働集約型であることから、装置産業であるウイスキー事業のこうした考え方への理解が進みにくい面があります。むしろ異業種からの参入のほうが思い切りがよかったりするものです。

さて、若鶴酒造はといえば、その歴史の長さからかえって現状に縛られがちな風土になっていましたので、私は一度原点に立ち返りつつ、ウイスキー事業というものを捉《とら》え直すことにしました。

ウイスキー蒸留所にとって必要なものは（キャッシュは大前提として）、以下の６点です。

①冷たくきれいな大量の水が年間を通じて手に入ること
②貯蔵や荷受けのための広く平坦な敷地
③酒造りに長《た》けた職人
④効率的な製造設備がある建屋
⑤品質を分析し仕込みや設備にフィードバックする技術者
⑥長期にわたる事業を覚悟をもって推進する経営者

若鶴酒造では①②③はそろっていたものの、④がなく、⑤⑥にあたる品質を見極める技術者と、長期的な投資を行う経営判断がなかったため、古いままの設備で仕込みを行う状態に陥っていたのです。④がなく、⑤⑥が不在のままでは若鶴は何も変わりません。そのころ私は現場で濾過などの作業にも自ら参加して仕込みを行っていましたが、自分が技術者（⑤）と経営者（⑥）としての両方の能力を身につけなければならないと、強く思ったのです。

そして、経営者としての目線をもって蒸留所を改革するためには、その優先順位をしっかりと考えなければならないと思いました。

ウイスキーが結んだマッシュタンの導入

２０１７年において三郎丸のウイスキー製造は糖化工程に2日間もかかっていたため、週に2回、しかも一度に４００キロの麦芽しか仕込めていませんでした。そこまで多くない量にしかならないので、蒸留も小さな蒸留器1基で賄えていたくらいです。この糖化工程を担うマッシュタンを更新しなければ、質のいい麦汁もとれず、時間と労力だけがかかり、量も作れない、という課題が明確にあったのです。そこで私は、投資を「最初にマッシュタン→次に蒸留器（ポットスチル）→最後に発酵槽」という順番で行う計画を立てました。

そのように計画は作ったものの、当時はマッシュタンの製造元の情報がなく、計画は遅々として進みませんでした。そんなとき、金沢にある行きつけのモルトバーのカウンターでウイスキーを飲んでいると、マスターが「隣で飲んでいる方は三宅製作所のご子息だそうですよ」と話しかけてくれました。

三宅製作所といえば、ウイスキー製造やビール製造に携わる業界において知らない人はいない、最高のマッシュタンなどを製作する歴史ある醸造機器メーカーです。驚いて挨拶《あいさつ》させていただくと、その三宅康《やすし》史さんはドイツに留学してビール製造について学んでいて、そのときはちょうど日本に帰国して金沢に遊びに来ていたタイミングだったそうです。同い年だったということもあり、すぐに意気投合。そのころ注文が殺到して多忙ななかにあっても、三郎丸蒸留所のマッシュタンを製作してもらえることになりました。三宅さんはこの時のご縁から、三宅製作所の専務となった今でも、忙しい合間を縫って三郎丸に来てくださり、マッシュタンのメンテナンスを行ってくれています。2023年には3番麦汁の設備を追加で導入するなど、より品質の高い仕込みが実現できるように協力していただきました。あの時のバーでの出会いがなければ三郎丸のマッシュタン導入は遅れていたでしょうし、また、互いに技術者であり経営者である、生涯の友人を得られなかったでしょう。ウイスキーが取り持った不思議な縁に感謝しています。

伝統産業高岡銅器での蒸留器づくり

マッシュタンの導入の目処がついたことで、次は蒸留器（ポットスチル）です。通常、ウイスキー蒸留所では初留器、再留器とよばれる二つの蒸留器があり、2基で一対となっています。しかし、三郎丸にはかつての焼酎《しょうちゅう》用の蒸留器を銅製に改造した1基しかなく、初留と再留を同じ蒸留器で行っていました。このやり方だと蒸留するごとに毎回蒸留器をきちんと洗浄しなくてはならない上、初留と再留を同時に行うことができないため、非常に効率が悪いものとなっていました。新しい蒸留器を追加するべく、新たな投資が必要です。

ただ、当時はウイスキー蒸留所の建設が相次いでおり、ポットスチルは発注しても2年以上先の納期になるとされていました。前述のように、ポットスチルは銅板を叩《たた》いて一つひとつパーツを作って溶接する鍛造という方法で造られているので、造るのにどうしても時間と手間がかかる設備なのです。

ウイスキーは蒸留してから熟成するまで少なくとも3年かかります。このままポットスチルの納期を待っていたら、新しい設備で造るウイスキーが出来るまで年月がかかりすぎてしまいます。そこで頭に浮かんだのが、前述の高岡銅器の鋳造技術です。高岡には二上山《ふたがみやま》という山があり、その山頂には平和の鐘という高さ3メートル以上に及ぶ大梵鐘《ぼんしょう》があります。これだけの大型の鋳造が可能なのであれば、型を用いることで立体物を一発で成型することができるので、蒸留器の納期も短くすることができるのではないか。しかも、地元の技術でウイスキー造りができるので、様々なメリットがあると考えたのです。また、板金工法であった蒸留器を鋳造で行うことで、少なくとも以下の利点があるのではないかと考えていました。

・従来の板金蒸留器に比べ肉厚になり耐用年数が向上する。
・型を使用することにより量産が可能になり、納期を短縮できる。
・銅錫《すず》合金を使用することにより錫による酒質の向上が期待できる。

もともと高岡銅器は、1611（慶長16）年に加賀前田《まえだ》家二代目当主である前田利長《としなが》が、現在の高岡市金屋町《かなやまち》に鋳物師を呼び寄せ、集住させたことに始まります。当初は鍋《なべ》・釜《かま》・農機具などの鉄鋳物が主体だったのが、幕末から銅製の美術工芸品製造へと発展し、明治時代にはパリ万国博覧会において作品が展示されるなどし、世界的にも知られるようになりました。戦時中、軍事使用のために金属が供出され壊滅的な打撃を受けたものの、先人たちの努力により急速に復興し、1975（昭和50）年には伝統的工芸品として国の第一次産地指定を受けています。

しかしバブル崩壊以降は売上が急速に下降線をたどり、2020年の販売額は約95億円と、1990年のピーク時の374億円の実に25%ほどに減少してしまっています。高岡でウイスキーの蒸留器を造ることで、産業の復興にもなるのではないか？　そう考えた私は当時の富山県工業技術センター（現富山県ものづくり研究開発センター）に向かいました。

老子製作所との協同開発

工業技術センターで鋳造による蒸留器の可能性を話すと、梵鐘のトップメーカーである老《お》子《ご》製作所を紹介してくれました。老子製作所は江戸中期から梵鐘の製作を続ける老舗《しにせ》であり、梵鐘の国内シェア約70%を占める大手です。400年近く続く高岡銅器の歴史と歩みを共に

ZEMON 試作実験器

し、「広島平和の鐘」や「釜石《かまいし》復興の鐘」など数々の名鐘を全国に送り出してきました。のちに社長となる老子祥平《しょうへい》さんにお目にかかったときは、まさに職人という出で立ちでした。

ウイスキーの蒸留器が銅でできていることをお話しすると驚かれていましたが、どのような形状のものでも自由に造ることができると仰っていただき、心強く思いました。

実物の製作に先立ち、まずはラボサイズの蒸留器を製作しました。従来の銅板金のもの、鋳造による銅錫合金のもの、そして、硫《い》黄《おう》除去効果のないステンレスのものを製作し、実験を行ったのです。富山県立大学に協力をお願いし、実験室の一室をお借りし、学生に交じって蒸留試験を繰り返しました。ウイスキーの蒸留器はなぜ銅製でないといけないか、そして蒸留器のどの部分が銅であることが大きな影響をもつのかを、自分の目で確かめたかったからです。また、歴史的にウイスキー蒸留器は純銅製しかなく、銅錫合金でも銅と同様の硫黄除去の効果があるのかは未知だったため、検証をする必要がありました。

実際に蒸留してできたサンプルを酒類総合研究所に送り、二重盲検法で評価してもらったのですが、その結果は驚くべきものでした。銅錫合金のサンプルは純銅製のものと比べて同等以上の硫黄除去の効果があり、硫黄由来の不快な香りを低減する効果をより発揮していることがわかったのです。この発見は、従来のウイスキー造りで常識とされてきた、「蒸留器は純銅製」という固定観念を覆しました（銅錫合金による新しいウイスキーの可能性を切り開くものとして、第９回「洋酒技術研究会賞」を受賞しました）。

銅錫合金の蒸留器にも硫黄除去の高い効果があった理由は、銅錫合金の組成自体にありました。電子顕微鏡で分析してみると、銅錫合金は銅と錫が一体となった別種の金属になっているわけではなく、銅が全体に分布し、錫が均一かつゆらぎをもって存在していますこれにより銅の性質と錫の性質が両立していたわけです。また、鋳造は砂型を用いて行われるのですが、これにより表面に細かな凹凸が生まれ、蒸留時に蒸気と接する表面積が大きくなることにより、銅と錫の効果をより引き出しているとも考えられます。

実験によって銅錫合金の鋳造による蒸留器の可能性に確証が得られたので、実際のサイズでの製作に取り掛かりました。ただ、当初は楽観的であった老子さんも作業が進むにつれ、蒸留器の型の大きさによって生じる難しさに苦労されていました。大きなものだと砂型の重さは何トンにもなります。鋳造するときにはその型をひっくり返す必要があるのですが、そのときに重さによって型が歪《ゆが》んだり、ずれたりすると、鋳造がうまくいきません。梵鐘づくりと似ているようで全く違うポットスチルの型作りには大きな困難がともない、試行錯誤を繰り返す必要があったのです。

私も老子製作所に行っては鋳造のことを学びつつ、どうすればうまく狙ったものができるのかと一緒に頭を悩ませました。老子製作所は若鶴酒造から車で10分ぐらいの場所にあるのですが、その距離でなければ、新しい蒸留器は生み出せなかったと思います。それぐらい、大型の銅錫合金の鋳造は技術的に難しいものであり、歴史上、鋳造によって蒸留器が造られなかったことにも強く納得したものでした……。

しかしその後、老子製作所の奮闘のおかげで、ついに世界初の鋳造蒸留器が完成することになります。

鋳造蒸留器のメリット

鋳造によって造った銅錫合金の蒸留器には、従来の板金のポットスチルに比べてさまざまなメリットがありました。

まず、耐用年数が非常に長くなることです。従来の板金の蒸留器は銅板を叩いて曲げるため、肉厚のものを造ることができないのですが、ウイスキーの蒸留器は銅が硫黄と反応することで年々薄くなっていきます。そのため、それまでの蒸留器は薄くなったら交換が必要であり、寿命が短い。これに対し鋳造の蒸留器は従来の2・5倍の厚みをもつことで、飛躍的に耐用年数が延びました。また、板金の蒸留器は一つひとつのパーツを手で叩き出すため造るのに時間がかかりますが、鋳造のものは型を使うことで納期を短縮でき、形状の再現性も高くすることができるようになりました。

さらには、錫が含まれていることによって、酒質がまろやかになるというメリットもありました。錫は昔から酒器などにも使われていますが、それは味をまろやかにする効果があるといわれているからです。かつては焼酎の蒸留器でも用いられてきました。この効果により、銅錫合金のポットスチルでは、蒸留したばかりの荒々しいニューポットでも、まろやかな味を実現できました。

そして、稼働させてみてから判明したメリットに、エネルギー効率が非常に良いというものがあります。燃料を節約することで、ＣＯ２の排出を抑えることもできるのです。

効率の良さが生まれる理由は、加熱方法にあります。昔はポットスチルを直火《じかび》にかけて加熱していたため、熱伝導に優れる純銅が使われていました。しかし、現代の蒸留器は蒸留器内部に加熱器があり、スチームによって加熱します。熱伝導率よりも、保温性の高さのほうが影響が大きくなるのです。鋳造に用いられる青銅は純銅に比べ８分の１の熱伝導率しかなく、熱容量に優れるため保温性があり、高いエネルギー効率を実現できるわけです。

「ZEMON」の命名と特許取得

この画期的な蒸留器については、老子製作所や富山県と権利をシェアすることにしました。私が特許を独占するよりも、この蒸留器を世界に広めていくことによって、苦境に陥る高岡銅器の新たな展開につながったほうがいいと考えたからです。

そこで知財の専門家に特許申請について相談したのですが、そのときに指摘されたのが、「製品名をどうするか？」ということでした。

その専門家の方が「ネーミングは特許とは直接関係ないものの、世の中に製品を広めていく上で非常に大切である」と、熱く語られたのです。老子さんは稲垣式蒸留器とか三郎丸式蒸留器がいいのではないかと仰《おっしゃ》いましたが、その名前だとどのような製品かが伝わらないうえ、従来の蒸留器と違うものであるかどうかもあまりわからず、他の蒸留所も導入を検討しにくいだろうと私は考えました。

名前をどうするか、蒸留所で頭を悩ませていたときに、一つの道具が目に入りました。それは、パレットに積んだ貨物を手動で移動させるための運搬用具で、一般的にはハンドリフトと呼ばれるものですが、工場では商品名から「ビシャモン」（株式会社スギヤスの登録商標）と呼ばれていました。その語感から思い出したのが、老子製作所の屋号でした。加賀藩の時代から400年の歴史をもつ老子製作所の屋号は、次右衛門（ジエモン）といいますが、地元では訛《なま》って「ゼーモン」と呼ばれていました。これを蒸留器の名称にすれば、鋳造の歴史も伝わるし、海外の人にも読んでもらえる――そう考え、「ZEMON」（ゼモン）という名前が誕生したのです。

その後、ZEMONは国内で特許を取得し、ウイスキーの本場である英国でも特許が認められました。また、素形材産業技術表彰にて最高賞の「経済産業大臣賞」、ものづくり日本大賞において「中部経済産業局長賞」を受賞するなど、伝統産業を応用して新しい製品を生み出したことが国内外で評価されました。さらには世界のウイスキー専門誌である『ウイスキーマガジン』で、日本人で4番目に老子さんと共に表紙を飾るなど世界的にも注目を集める蒸留器となったのです。

地元でつくる意味

現在の日本のウイスキー造りにおいては、原料となる麦芽だけでなく、熟成に用いられる樽《たる》も、ほとんどが海外から輸入されています。日本にもかつては樽工場がいくつか存在していたのですが、ウイスキーどん底時代に大手メーカーの傘下に入ったり、廃業したりしたことで、現在では樽を修理したり、焼き直すことのできるところは少なくなってしまいました。若鶴酒造でも昔は使い古した樽をニッカ製樽という会社で焼き直ししてもらっていましたが、現在ではニッカウヰスキーの製樽部門となり、グループ外の仕事を受けなくなっている状態でした。

いまは世界的なウイスキーブームにより、樽の需要が急増しています。ただ、樽材であるオークが育つには長い時間が必要であり、新しく造ることのできる数は限られます。サスティナブルにウイスキー造りを行っていくためには、

『ウイスキーマガジン』表紙（2019年11月号）

新しい樽を次々に購入するだけではなく、修理したり、内部を焼き直し、熟成させる力を復活させることが、各蒸留所の近場でもできるようにすることが必要です。

こうした課題があるなかで、私は地域の資源を樽づくりに生かすことができないかと考えました。富山県は山林資源が豊富で、ミズナラの木も自生しています。ミズナラといえば日本特有のオーク材であり、その樽で熟成されたウイスキーは特有の香りをもつため、世界的にも人気のある樽材です。

樽材について考えていた当時、そのミズナラの木が活用されないことにより周囲の山を荒廃させているという問題がありました。発端は、温暖化により北上してきたカシノナガキクイムシという昆虫で、ミズナラがその温床となってしまっていたのです。カシノナガキクイムシはナラ菌という病原菌を媒介し、周囲の森に感染を広げます。感染した木は水を吸い上げることができなくなり、枯死してしまうのです。倒木被害が発生し、また、山の保水力がなくなることで水害などを引き起こします。かつてはミズナラやコナラなどの木は薪炭材として活用されていたのですが、化石燃料が使われるようになり、更新されず、森林資源の循環がされないまま放置されたことで、老齢になったミズナラの抵抗力が落ち、カシノナガキクイムシの温床となってしまったのです。

私は、大きくなったミズナラの木を樽として活用し、代わって新たなミズナラを植えることで森林資源の循環を図れるのではないかと考えました。地域の水資源により事業を行っている若鶴酒造では、グループとして20年近く、山への広葉樹の植林活動を行っています。そこでつながりのあった井波《いなみ》の島田《しまだ》木材さんに、地場での樽づくりができないかを相談しました。

島田木材はSGEC森林認証を取得しているサスティナブルな森林経営をされている先進的な事業者です。富山県のミズナラは北海道や東北とは違い、斜面に生えるので切り出すには特殊な技術が必要になります。その技術も保有する島田木材が地元にあったことは幸運でした。しかも、井波は古くから木工が盛んな土地であり、彫刻や木工の技術は全国的にも有名です。島田さんとしても、井波の木工技術を生かして樽づくりをすることで地場の林業を活性化できるのではないかと、協力していただけることになりました。

約2年間の準備期間を経て、井波に「三四郎《さんしろう》樽工房」が設立されました。地元のミズナラを使った「三四郎樽」や樽内部の炭化層を削り、トースティングを施した「焙煎《ばいせん》樽」などが造られ、三郎丸蒸留所のバリエーション豊かな樽づかいに欠かせないものとなっています。しかも三四郎樽工房では、三郎丸蒸留所だけでなく、他のジャパニーズウイスキーの蒸留所からも修理や樽製造の依頼を受け入れています。特定の蒸留所で樽工場を独占するのではなく、シェアしていくことで、ジャパニーズウイスキー産業を支えるインフラとなることを目指しているのです。

サンシャインウイスキーの名付け親が判明！

蒸留所がオープンし、三郎丸蒸留所の知名度も少しずつ上がってきたころに、新商品となる「サンシャインウイスキープレミアム」を発売しました。

１９５３年に発売された「サンシャインウイスキー」はいわゆる地ウイスキーであり、かつて二級ウイスキーと呼ばれていた、日本においてのみウイスキーとして流通できる商品です。一方で、「サンシャインウイスキープレミアム」は現代のウイスキーとして、モルトウイスキーとグレーンウイスキーをブレンドした、世界基準でウイスキーと呼べるものに仕上げました。商品のテーマを「64年目の進化」と銘打ちリリースしたところ、大きな反響を呼び、取り扱い店も増加。そんな２０１８年5月、「サンシャインウイスキー担当者宛」と書かれた手紙が私のもとに届きました。

その手紙の内容は、私が知りたかったものの調べきれなかった「サンシャインウイスキーの名付け親」に関するものでした。手紙をくださったのはなんと、命名者の娘さんにあたる方。地元のスーパーマーケットでサンシャインウイスキーが売られているのを発見し、若鶴酒造に連絡してくれたのです。以前はサンシャインウイスキーは細々としか売られておらず、限られた場所にしか置かれていませんでした。その方は父親が名付けたウイスキーをずっと探していたものの見つけることができていなかったのですが、販売店が広がったことで、見つけていただくことができたようです。その発見した喜びと興奮とともに、お手紙を書いてくださったのです。

サンシャインウイスキーに込められた想い

誰がどんな想いでサンシャインの名前を付けてくれたのか、わかるかもしれない。早速、私は連絡をとってご自宅に訪問し、お話をうかがいました。

長女にあたる伸子《のぶこ》様は、お父様でありサンシャインウイスキーの命名者である片山忠男《かたやまただお》さんのお話をしてくださいました。片山さんは富山県南砺市福光《ふくみつ》出身で、第二次世界大戦において満洲に派遣されました。その後の南方転進によりシンガポールで終戦を迎え、イギリス軍により抑留されます。その際に仲良くしてくれたイギリス兵の一人から習った「サンシャイン」という言葉を生きるよすがとして、２年間の抑留生活を耐え抜き、故郷である富山に戻ってくることができたそうです。そして、１９５２年に若鶴酒造が初めて発売するウイスキーの名前を公募した際に、戦後の復興と平和への思いを込めた「サンシャイン」の名前を応募し、約２０００通の応募の中から選ばれたということでした。当時の金額で賞金が１万円（ラーメン1杯が30円の時代）だったということで、戦後の貧しい時期にそれだけの賞金を出して名称を公募するということから、ウイスキー事業に対する並々ならぬ意気込みも伝わってきます。

片山さんはその後、燃料店を開業して成功し、不動産業を立ち上げ、事業家としても大きな成功を収められました。晩年になってから自分史を書かれているのですが、そのなかにも「サンシャイン」が公募で選ばれたエピソードが紹介されています（蒸留所に展示している複写で現在でもその内容を読むことができます）。どうしても知りたかったサンシャインウイスキーの命名者の謎が、半世紀の時を越えて一通の手紙から明らかになったのです。ウイスキー事業に一生懸命に取り組んでいてよかった、と心から思えた瞬間でした。

第８章　蒸留所の未来――スコットランド視察からボトラーズプロジェクトへ

最後となる本章では、未来を見据えながら、現在の日本のウイスキーに足りないこと、日本のウイスキー産業を変えていくために必要であると私が考えることを書いておきたいと思います。スコットランドのウイスキー産業を視察したことで見えてきたことがあるのです。

スコッチウイスキー蒸留所見聞録

三郎丸蒸留所を再興してからずっと、ウイスキーの聖地であるスコットランドへ視察に行きたいという気持ちがあったものの、三郎丸の商品化、蒸留所の再興、ＺＥＭＯＮの開発、樽《たる》づくり、国内の蒸留所視察……と、すべて並行して進めていたために全く時間がとれず、実行に移すことができていませんでした。しかし、２０１９年10月、各プロジェクトが落ち着き、当期の仕込みも一段落したところで、ようやく念願であったスコットランド出張に出かけることができました。

最初にアイラ島に行き、その後、キャンベルタウン、スペイサイド地域を回る計画です。アイラ島は、最新のアードナホー蒸留所を含め、小さな島に９か所（当時）ものウイスキー蒸留所が存在する、ウイスキーの聖地。アイラモルトと呼ばれるそのモルトウイスキーは、一般的にはピートが強く焚《た》き込まれた麦芽を使用することで、スモーキーで癖の強いウイスキーです。好き嫌いが分かれるものの、好きな人にとってはたまらないものです。私が好きなアードベッグ蒸留所やラフロイグ蒸留所もこの島にあります。

アイラ島まではグラスゴーから飛行機で行くのですが、出発までの待ち時間を使ってグラスゴー空港からほど近いオーヘントッシャン蒸留所を見学しました。これが私にとって初めてのスコッチの蒸留所見学体験です。

オーヘントッシャンは見学ツアーも整備されており、非常にわかりやすく、面白いツアーになっています。産業の少ないスコットランドにとってウイスキーツーリズムは大きな観光資源となっているのです。私はそれまでオーヘントッシャン蒸留所についてはあまり知らなかったのですが、実際に足を運んだことで、今では常にどこかで気にしている蒸留所になっています。そうしたことからも蒸留所見学の意義を認識させられます。

プロペラ機で降り立ったアイラ島は、見渡す限りのピートの湿原に、デコボコの道路が敷かれています。島全体にどこか人里離れた雰囲気がありました。ウイスキー蒸留所があるからこそ、そこに人が集まり、生業が生まれていることがわかり、改めてウイスキーの偉大さを感じましたし、人を惹《ひ》きつけるウイスキーを生み出していることに尊敬の念を覚えました。また、アイラ島には世界的に名だたるウイスキー蒸留所がありますが、どこも牧歌的でおおらかな気配が漂っています。このような環境のなかで世界を酔わせる美酒が生まれているのを見ると、ウイスキーというものがもつ懐の深さを感じるようです。

本当は訪問したすべての蒸留所について一つひとつ書いていきたいのですが、紙幅も限られているので、一番印象に残ったキャンベルタウンのスプリングバンク蒸留所について紹介しましょう。

スプリングバンク蒸留所は、本当の意味で伝統的な造りを守っている、奇跡のような蒸留所です。ほとんどの蒸留所が製麦をモルトスターに委託するなか、スプリングバンクは全量をモルティングし、キルン（乾燥塔）での燻蒸《くんじょう》を行っています。製造設備も古くからのものをそのまま使っており、ウイスキーブームにあっても製造量を増やしていません。多くの人が蒸留所で働き、労力をかけてウイスキーを造っており、現代的な効率重視の蒸留所とは程遠い世界です。

その味も現代の他の蒸留所とは一線を画していて、唯一、ウイスキーの黄金期の味を残している、至宝ともいえる蒸留所です。スプリングバンクを見ると、今までもっていた科学的な裏付けのある常識も、ガラガラと音を立てて崩れていくようです。ウイスキーの味の不思議さは神秘の中にあることを実感します。

そして、それは昔ながらのやり方をただひたすら愚直にやり続けてきたという、ある意味で思考を意図して止めた、恐ろしく長い習慣の積み重ねの先にある伝統によってもたらされていることが感じられます。

スコッチウイスキー産業を見る

スコットランドで見てきたものは、もちろん蒸留所だけではありません。ウイスキーの原料となる大麦畑、製麦を行うモルトスター、樽を製造するクーパレッジ、グレーンウイスキー工場、そして、蒸留所から原酒を買い取り流通させるボトラーズまで、スコッチウイスキー産業に関わるすべてを見てきました。

そこで気づいたことは、スコッチの産業の規模は日本の数百倍あり、製麦工場も樽工場も

ラフロイグ蒸留所

グローバルな規模で建てられ、それぞれがスコットランド国内事業者のみならず世界にも開かれ、原料や技術・知見がシェアされているということです。

一方、日本では、それぞれの系列の会社が製麦工場や樽工場を傘下とし、規模が小さく、占有されています。これは歴史的に日本のウイスキーが一部の事業者により寡占され、冬の時代を経ながらも発展してきたことが原因ですが、それなりの規模をもっていた国内市場のみでシェア争いをしてきた結果ともいえます。日本のウイスキーは、2022年の農林水産物の輸出金額（品目別）が561億円で第2位となっています（1位はホタテ貝で910億円。清酒は475億円で6位）。スコッチウイスキー産業のように、ここから世界を相手に産業をさらに伸長させていくには、これまでとは違った考え方が必要になってくるのではないでしょうか。

スコッチにあるような原酒が流通するマーケットが日本にはなく、国内ではウイスキーを調達する市場や相場もない状態です。日本ではそれぞれのメーカー内で造り分けを行いつつ、海外の原酒も活用してウイスキーを造っています。そのように個々の蒸留所ですべてを行うことは、ブームの際は利益を最大化できるのでいいのですが、ブームが去ったときにはリスクが大きくなります。また、それぞれの規模が小さく効率が悪いためコストがかかり、どうしても割高になってしまいます。今後、ジャパニーズウイスキーをスコッチウイスキーのような基準のもとで発展させていこうとするならば、スコッチウイスキーの産業構造を参考にすべきです。

――スコッチウイスキー産業を視察する中でそんなことを考え、視察に同行してくれていた下野《しもの》孔明《ただあき》さんと、日本に戻ったら日本のウイスキーに足りていないものを補うためのプロジェクトを立ち上げようと誓い合いました。それが初めてのジャパニーズウイスキーのボトラーズ「T&T TOYAMA」設立に繋がっています。

T&Tプロジェクトの開始、そして未来のウイスキーを造る

下野さんは北陸で初めてウイスキープロフェッショナルの資格を取得し、当時では珍しかったネット通販のみのウイスキー専門店「モルトヤマ」を開設した方です。私がウイスキー事業に携わるようになったばかりの頃に出会い、それ以来、ボトラーズのマニアックな世界や、シングルカスクによるビンテージや樽の違いなど、様々なディープな知識を教えていただき、私のもっていたウイスキーの世界観を大きく変えるきっかけを与えてくれました。蒸留所の再建にも力を貸してくださった、理解者であり、同志となってくれた人です。

スコットランドから戻ってから、その下野さんと、「ジャパニーズウイスキー産業に足りないもの」の一つである、ボトラーズの設立に向けて動き始めました。最初はスコッチウイスキーを樽でセレクトしボトリングして輸入する事業から手掛けて、スコッチボトラーズとしての信頼や経験を積み重ねることからスタートします。

スコッチウイスキーのボトラーズとして活動する一方で、私は日本全国のウイスキー蒸留所を見学に回りました。そのなかで、ジャパニーズウイスキーの新興蒸留所が共通して抱える課題として「熟成している間は、製品がないため販路が作れず、知名度を上げることができない」「キャッシュが出ていくばかりで、売上が立てられない」というものがあることに気づきました。

スコットランドにおいてボトラーズは150年以上前から存在し、蒸留所はボトラーズに原酒を供給することで、キャッシュフローを確保し、経営を安定させることができます。また、ボトラーズは独自の樽や熟成方法によって、より深く蒸留所の魅力を引き出し、広め、ウイスキーファンを増やしていく役割を担っているのです。

2021年、様々な蒸留所と信頼関係を築けたことで、満を持して世界で初めてのジャパニーズウイスキーボトラーズ「T&T TOYAMA」を設立しました。熟成庫を建て日本の蒸留所から原酒を買い取り、独自に熟成する事業のスタートです。設立にあたってクラウドファンディングで1077人の支援者から4047万2174円もの支援を受け、最大5000樽を貯蔵できる井波熟成庫を建設することができました。それだけ多くのウイスキーファンが日本にボトラーズがある未来に可能性を感じてくれ、事業を応援してくれていることを非常にうれしく思います。

井波熟成庫はウイスキーの熟成に特化した建物であり、地元の木材を使用したCLT（直交集成板／環境負荷が小さい）によるサスティナブルな熟成庫です。寒暖差が激しい日本にあってスコットランドのような長期熟成に適した環境を実現するために大きな金額をかけて断熱性と調湿性を高めるなど、様々な工夫を施してあります。そうしてT&Tの熟成庫は日本でも稀《まれ》な長期熟成に向いたウイスキー専門の熟成庫として完成しました。

ボトラーズは熟成と瓶詰め、マーケティングに特化した事業であるからこそ、熟成環境にこだわる必要があります。他の蒸留所からお預かりした我が子のようなニューポットを最高の環境で熟成し、ピークを見極めてボトリングすることが、蒸留所のブランド価値につながりますし、T&Tの価値にもつながると考えています。

また、T&Tではウイスキー蒸留所から原酒を購入するだけではなく、ウイスキー造りやマーケティングの知見をコンサルティングすることによって、日本の蒸留所の底上げに役立ちたいと思っています。設立されたばかりの蒸留所では製造に関するノウハウやマーケティングに関する知識が不足していることが多く、しかもウイスキー事業では結果が出るまでに時間がかかるためノウハウを蓄積しづらいという問題があります。ウイスキー事業は設備だけでも少なくとも5億円以上必要な、とてもお金のかかるビジネスです。しかも、日本においてウイスキーを実際に製造したことのある経験者は非常に限られています。そこでT&Tでは、三郎丸蒸留所で得た知見やマーケティングの経験を活かして蒸留所の相談相手になっているのです。

主な蒸留所として飛騨高山蒸溜《じょうりゅう》所や月光川《がっこうがわ》蒸留所などのコンサルティングをしていますが、そのなかでも、かつての廃校をウイスキー蒸留所として再生した飛騨高山蒸溜所のプロジェクトにおいては、用地の選定からクラウドファンディングの監修までを担い、蒸留所をスタートしたいという夢を現実にするお手伝いをしています。

こうした取り組みもすべて、日本のウイスキーをさらに盛り上げ、世界に向けて広げていくという未来を一緒に造り上げていきたいという思いから行っているのです。

おわりに

日本で最初のウイスキー蒸留所である山崎蒸溜所《じょうりゅうじょ》の建設開始から100年、ジャパニーズウイスキーは時代に応じてさまざまに変化してきました。

当初の輸入アルコールを使った模造ウイスキーに始まり、終戦後の混乱、保護の中での消費の拡大、爛熟期《らんじゅくき》である高度経済成長期の熾烈《しれつ》なシェア争い、地ウイスキーブーム、消費の長い低迷、輸入品との競争、ハイボールブームでの復活、そして空前の世界的なウイスキーブーム……。また、いまの日本のウイスキーを取り巻く環境も、原酒の枯渇、クラフトウイスキー蒸留所の増加、外資による蒸留所のM&A、原材料の高騰と価格の上昇、ジャパニーズウイスキーの基準の制定、大きな輸出先であった中国の景気の悪化と輸出規制など大きく変化しています。

この100年の間で日本社会も変容し、少子高齢化が進行、人口減少社会へと突入しています。一方で中国やインドで経済が発展、ウイスキー消費が急拡大し、現地でも蒸留所の建設が進んでいます。また、ずっと伸長を続けてきた日本のウイスキーの輸出金額は2023年には前年比で約11%落ち込み501億円となり、18年ぶりに減少に転ずるなど岐路に立たされています。このまま手をこまねいていては、日本のウイスキーはまた昔の状態に戻ってしまいかねません。日本のウイスキーを産業として確立するためにも、本書の最後に以下の提言をさせていただきます。

国内中心の産業構造からのグローバル競争を見据えた転換を

日本国内の人口が増加し、経済が発展していた時代においては需要を満たすべく、激しいシェア争いが繰り広げられるほどでした。しかし、現在のように人口が減少し、人々の趣味嗜好《しこう》が多様化するなかで、ウイスキーのピークであった１９８３年の38万キロリットルを超えるほどまでの国内需要量の増加はもはや期待できません。ジャパニーズウイスキーがさらに伸長するには、国内においてはウイスキーファンの深耕、海外においてはブランディングと輸出の振興が鍵になります。

２０２２年の日本のウイスキー輸出金額は５６１億円であり、２０１３年の40億円から約10年で14倍以上に伸長しており、農林水産物の輸出金額で第2位になるなど、日本のなかでは数少ない成長産業です。しかし、２０２３年の直近期では約５０１億円と、最大の輸入国であった中国の景気の減速などから数字を落としています。

２０２２年のスコッチウイスキーに目を移してみると、輸出金額は１兆円を超えています。

ウイスキーと清酒の輸出金額の推移

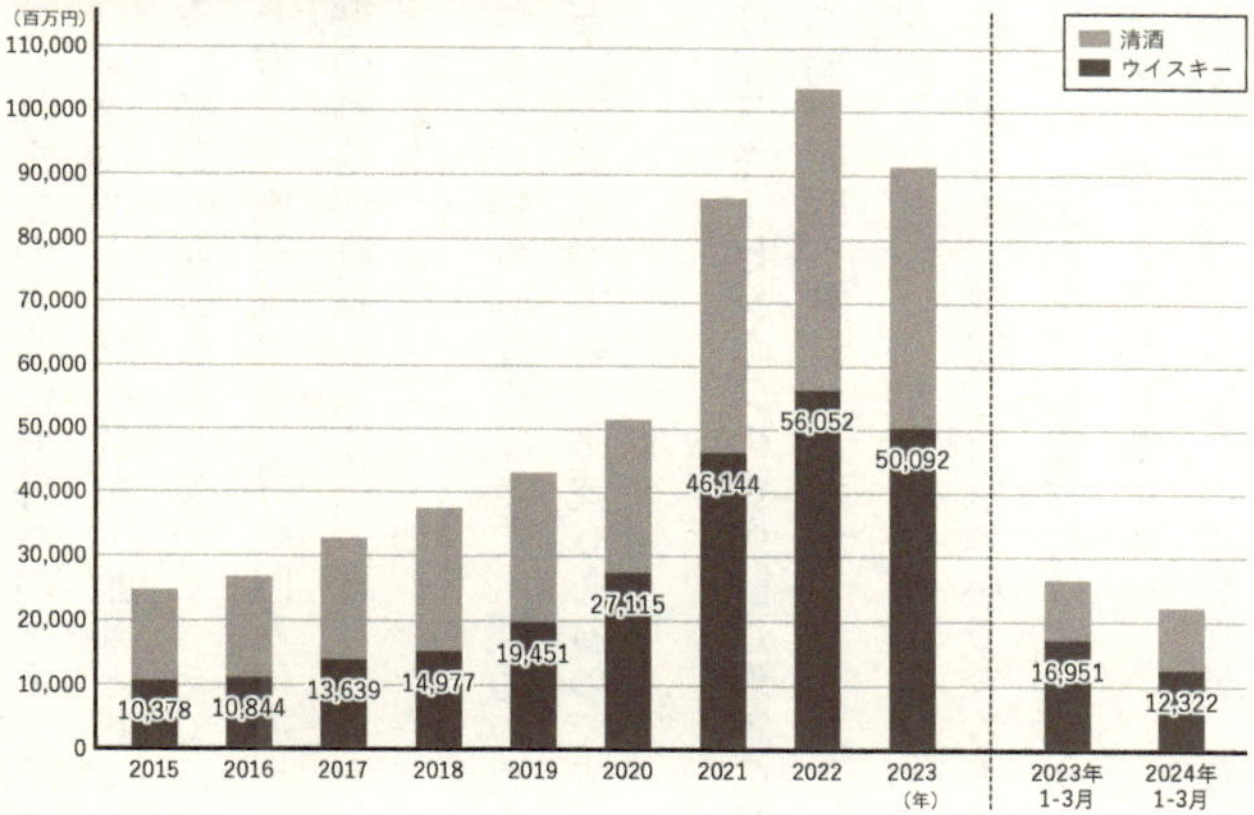

出典:財務省貿易統計

日本と比べるとおよそ20倍の規模であり、ここに100年以上の歴史の差が表れています。

スコッチウイスキーは輸出が生産量の9割を占めていますが、それはもともと人口が少なく、国内での需要が見込めないため、グローバルに展開することが前提に産業が成り立っているからです。そのため、国としても世界的にブランドを保護する施策をとっていますし、原酒交換や樽工場、製麦設備、熟成庫、ボトリング工場、グレーンウイスキー工場、世界的なブレンドメーカー、ボトラーズなどが、互いに支え合う構造の中で共有され、一大スコッチウイスキー産業を形成しています。

日本においても、これまでの国内需要を前提とした産業構造から転換する必要があります。これまでのように海外へのマーケティングを個々のメーカーに任せきりにするのではなく、ジャパニーズウイスキー産業として、戦略的に輸出の振興やブランディングなどに取り組み、産業の発展を図っていくべきではないでしょうか。

一方で、原料価格の上昇や円安に加えて、世界的なウイスキーの需要の高まりから、麦芽や樽《たる》の価格が高騰し、原料の取り合いも生まれています。歴史が浅く規模の小さい蒸留所にとって原料の入手が難しい状況です。

つまり、継続的なウイスキー製造のためには、需要をまとめ、購買力を高めることで調達を安定的に行っていく必要もあるのです。

ウイスキービジネスの資金調達環境の整備を

本論で何度も触れましたが、ウイスキービジネスはその性質上、巨額の投資が必要であり、早期のキャッシュが期待できない独特の事業です。特に操業初期の新興蒸留所の資金繰りは非常に厳しく、熟成した原酒ができるまでの間、キャッシュが出ていく中でも限られた人数で日々の仕込みを行わなければなりません。しかも、商品がないなかでは認知を広げることもブランディングもできません。

そんな状況のなか多くの蒸留所が、商品発売時に熟成の期間の短い原酒をできるだけ高い価格にし、ウイスキーブームのなかで希少価値を付けて販売し、設備投資を回収しつつ、将来の原酒を確保しようとする行動をとることも理解できるものです。しかし、長期的な視点でみれば、限られた人しかウイスキーに触れられないこのような状況は、ウイスキーファンを減少させ、市場を冷え込ませる恐れすらあります。

一度、完全に火の消えたところにもう一度火をおこすことは非常に困難です。これまでのウイスキーファンの「応援したい」という気持ちだけに頼り資金需要を満たし続けることには限界があるのです。

スコットランドにおいては樽を担保として、銀行等から長期での融資を受けることができます。また、さまざまな資金調達の選択肢が整備されています。これにより、蒸留所は早期の資金回収を急がずにじっくりとウイスキーを熟成させ、ブランディングを行いながら価値を高め、安定して流通するだけの供給量を確保し販売できる環境になっているのです。

日本においては基本的に、金融機関は単年度での資金の回転を前提としており、初期投資に関して融資を受けられても、ウイスキー事業のような長期にわたる日々の仕込みに必要な運転資金を確保するのが難しい環境です。日本のウイスキー産業を本当の意味で根付かせ、発展させるためには、海外のような資金調達環境の整備も必要です。将来的には、スコットランドのようにウイスキー市場を整備し、樽の流動性を高め、市場価値を形成する必要もあるでしょう。そして、そのためには保税倉庫などのインフラと法律等の仕組みを整える必要があります。

国内外の需要の掘り起こしのために業界連携での協力を

以上のように、仕組みや制度の面でやるべきことは山のようにありますが、それだけではなく、ウイスキー業界として取り組むべきことも山積しています。

例えば、現在のウイスキーイベントは各地方において愛好者団体や酒店やバー関連団体等の有志によって運営されています。これらのイベントはそれぞれで個々のメーカーに出展を打診しており、コロナ後のウイスキーイベントが急増するなかで、日程が近接したり被《かぶ》ったりすることでメーカーへの負担も大きくなっています。

イベントが増えすぎれば参加者が分散し、出展者としても費用対効果が薄くなるので、主催者にとってもリスクが大きくなります。ブームの有無にかかわらず継続的にウイスキーファンを増やしていくためには、参加者、出展者、主催者全員にとってウインウインの関係を築いていく必要があります。

そのためにはウイスキー事業者団体を組成し、国からの助成等を受けることで、国内外でのイベントを開催したり、酒店・飲食店等との企画によって消費者との接点を増やし、認知

三郎丸蒸留所の熟成庫

と新しいウイスキーファン層の開拓を図るべきだと考えます。特に生産量やスタッフの人員が限られ、輸出についての専門的な人材やノウハウが不足しているクラフトウイスキー蒸留所において、ジャパニーズウイスキーブランドの普及・浸透や輸出展開のための活動に協同することで、様々なコストを抑えた効率的な物流によって海外への展開を行うことは重要です。

また、高品質なウイスキー造りのためには技術的な交流や情報の共有などの取り組みも進め、ジャパニーズウイスキー全体の底上げを図り、世界に名だたるウイスキー産地としてブランド化されるように認知度と品質の双方を高めていく必要があります。

ウイスキーツーリズムの取り組みを強化

ウイスキーファンにとってウイスキー蒸留所への観光は聖地巡礼のようなものです。スコットランドや、バーボンウイスキーで有名なケンタッキー州では、ウイスキー蒸留所の観光は大きな産業となっています。例えばバーボンウイスキーの蒸留所では、蒸留所巡りのためのガイドブック『バーボントレイルパスポート』が販売されており、訪れた蒸留所でスタンプを集めることで特典が受けられるようになっています。アフターコロナの日本において観光は主要な産業となると考えられていますし、蒸留所観光を目的に地方を訪れてもらうことで、蒸留所だけではなく、飲食店や宿泊施設などにも幅広い経済効果がもたらされるはずです。インバウンド誘致や観光の取り組みを大々的に広めていくには、企業の枠をこえて協同することが大切になってきます。

次の100年を見据え、ジャパニーズウイスキーは今まさに岐路に立っています。短期的なブームに浮かれるのではなく、長期的な視点で利害の対立を超え、協力し合えるか否かでその未来は大きく変わるでしょう。

願わくはこのウイスキーの多様性の花が開き、未来においては多くの人にジャパニーズウイスキーがより楽しまれることを願っています。末尾になりますが、第1章および第2章の執筆にあたり、ジャパニーズウイスキーボトラーズT＆T　TOYAMAの共同創業者であり、同志である下野孔明氏に大変お世話になりました。厚く御礼申し上げます。

2024年5月

稲垣　貴彦

参考書籍・参考サイト

【書籍】

麻井宇介『酒・戦後・青春』（世界文化社、２０００年）
ウイスキー文化研究所『ジャパニーズウイスキーイヤーブック２０２４』（２０２４年）
大河内基夫『ビールと酒税』（Independently published 2022）
加藤定彦『樽とオークに魅せられて』（ＴＢＳブリタニカ、２０００年）
古賀邦正『最新　ウイスキーの科学』（講談社ブルーバックス、２０１８年）
嶋谷幸雄・輿水精一『日本ウイスキー　世界一への道』（集英社新書、２０１３年）
ステファン・ヴァン・エイケン著、山岡秀雄・住吉祐一郎訳『ウイスキー・ライジング』（小学館、２０１８年）
竹鶴政孝『ウイスキーと私』（ＮＨＫ出版、２０１４年）
土屋守『ビジネスに効く教養としてのジャパニーズウイスキー』（祥伝社、２０２０年）
土屋守『モルトウィスキー大全』（小学館、１９９５年）
土屋守監修『ウイスキーコニサー資格認定試験教本２０２１（下巻）』（ウイスキー文化研究所、２０２１年）
土屋守監修『最新版　ウイスキー完全バイブル』（ナツメ社、２０２２年）
日本消費者連盟編著『ほんものの酒を！』（三一新書、１９８２年）

ビール酒造組合国際技術委員会（ＢＣＯＪ）編『ビールの基本技術』（日本醸造協会、２００２年）
穂積忠彦編著『痛快！ 地ウイスキー宣言』（白夜書房、１９８３年）
三鍋昌春『ウイスキー 起源への旅』（新潮選書、２０１０年）
山本祥一朗『日本産ウイスキー読本』（大陸書房、１９８２年）
Inge Russell, Graham Stewart "Whisky: Technology, Production and Marketing (2nd Edition)", Academic Press, 2014

【サイト】
サントリーホールディングス「サントリーオールド」ブランドサイト
https://www.suntory.co.jp/whisky/old/history
サントリーホールディングス「TORYS HISTORY トリスの歴史をご紹介」
https://www.suntory.co.jp/whisky/torys/history/index.html
株式会社スカウト「SHOCHU PRESS」
https://shochupress.com/2021/11/17/shochu_syowa_era/
ＢＡＲ新海 新海博之「Japanese Whisky Dictionary」 https://jpwhisky.net/history/
北海道余市町「余市町でおこったこんな話『その１９８ 大日本果汁のウイスキー』」
https://www.town.yoichi.hokkaido.jp/machi/yoichistory/2021/sono198.html

本文写真　著者提供
本文図版　斎藤充（クロロス）

稲垣貴彦（いながき・たかひこ）
若鶴酒造株式会社代表取締役社長（5代目）。三郎丸蒸留所マスターブレンダー兼マネージャー。
1987年生まれ。富山県出身。大阪大学経済学部卒業後、東京の外資系ＩＴ企業に就職。2015年、実家である若鶴酒造に戻り、曾祖父が始めたウイスキー造りを引き継ぐ。17年、クラウドファンディングにより三郎丸蒸留所を改修し再興。19年には伝統工芸高岡銅器の技術を活用した世界初の鋳造製ポットスチル「ZEMON」を発明した（日本と英国で特許が認められ、素形材産業技術賞経済産業大臣賞、洋酒技術研究会賞等を受賞）。現在は、自らの経験を活かした蒸留所のコンサルティングも手掛け、世界初のジャパニーズウイスキーボトラーズT&T TOYAMAを設立している。世界的なウイスキー品評会の審査員や、映画『駒田蒸留所へようこそ』ウイスキー設定監修を務めるなど、日本のウイスキーを盛り上げ、持続させるための活動を精力的に行っている。

ジャパニーズウイスキー入門《にゅうもん》

現場《げんば》から見《み》た熱狂《ねつきょう》の舞台裏《ぶたいうら》

稲垣貴彦《いながきたかひこ》

2024 年 9 月 10 日　初版発行
2024 年 10 月 20 日　再版発行

発行者　山下直久
発　行　株式会社KADOKAWA
〒 102-8177　東京都千代田区富士見 2-13-3
電話　0570-002-301（ナビダイヤル）

装 丁 者　緒方修一（ラーフイン・ワークショップ）
ロゴデザイン　good design company
オビデザイン　Zapp!　白金正之
印 刷 所　株式会社KADOKAWA
製 本 所　株式会社KADOKAWA

角川新書
 ISBN978-4-04-082514-4 C0295